干旱区包气带水-汽-热运移与潜在蒸发：试验与模拟

杜朝阳　著

内容简介

本书以作者在攻读博士期间以及最近几年在中国科学院先导项目和国家自然科学基金资助下所做的研究工作为基础撰写而成，主要介绍了包气带的基本概念，针对包气带对干旱区荒漠植被和水文过程的重要性，根据荒漠包气带水分运移以气态为主、主要受土壤温度和空气压强影响的特点，开展包气带水文过程的系统观测，构建了荒漠包气带水-汽-气-热耦合传输模型，精细模拟分析了包气带水分、能量不同时间尺度的传输过程和规律，并运用该模型模拟估算了生长旺季的潜水蒸发。

本书可供土壤学、地学、水利工程和生态环境等相关领域的科研人员和高等院校师生参考。

图书在版编目（CIP）数据

干旱区包气带水-汽-热运移与潜在蒸发 ： 试验与模拟 / 杜朝阳著. -- 北京 ： 气象出版社, 2023.7
ISBN 978-7-5029-7978-2

Ⅰ. ①干… Ⅱ. ①杜… Ⅲ. ①干旱区－包气带－水文地质－研究 Ⅳ. ①P641.131

中国国家版本馆CIP数据核字(2023)第096898号

Ganhanqu Baoqidai Shui-Qi-Re Yunyi yu Qianzai Zhengfa：Shiyan yu Moni

干旱区包气带水-汽-热运移与潜在蒸发：试验与模拟

杜朝阳　著

出版发行：气象出版社
地　　址：北京市海淀区中关村南大街 46 号　　**邮政编码**：100081
电　　话：010-68407112(总编室)　010-68408042(发行部)
网　　址：http://www.qxcbs.com　　**E-mail**：qxcbs@cma.gov.cn
责任编辑：王萃萃　林雨晨　　**终　　审**：张　斌
责任校对：张硕杰　　**责任技编**：赵相宁
封面设计：地大彩印设计中心
印　　刷：北京中石油彩色印刷有限公司
开　　本：787 mm×1092 mm　1/16　　**印　　张**：6.25
字　　数：160 千字　　**插　　页**：4
版　　次：2023 年 7 月第 1 版　　**印　　次**：2023 年 7 月第 1 次印刷
定　　价：40.00 元

前　言

包气带是指地面与潜水面之间的地带，它与岩石圈、水圈、生物圈和大气密切联系并相互作用，影响着陆地表层间的水汽传输、能量分配和物质赋存与运转。由于包气带既有水分、空气、有机质，也有矿物成分、微生物等，是陆地表层植被生长的重要场所，为人类提供生产生活物质生态净化功能服务等，因此包气带对人类生存发展至关重要。从水循环的角度，包气带是连接地表水、植被、大气与地下水的纽带，其中包气带中的土壤水分数量、质量及其运移转化状况在水资源的形成、转化与消耗过程中具有不可或缺的作用，是水循环的重要组成部分。包气带及其水文过程具有明显的地理分异规律。在湿润地区，包气带结构相对均一，水分运移以液态水为主，重力势和基质势是其主要驱动力，溶质运移是该地区包气带面临主要的问题；而在干旱区，包气带较厚且结构非常复杂，水分运移以气态水为主导，土壤孔隙的压强随大气压力变化且具有滞后性，气温昼夜和季节性显著变化成为包气带水汽运移的重要影响因素。这种显著的地理分异使得湿润地区的包气带水分运移理论在干旱区不适用，需要针对干旱区荒漠包气带特点、水文过程和影响因素进行专门研究。

本书受到中国科学院战略性先导科技专项（A 类）子课题“中亚农业生产与水土资源优化利用(XDA20040302)”、国家自然科学基金青年项目“土壤温度和土壤空气对荒漠包气带水汽传输的影响研究(41807166)”和国家自然科学基金面上项目“黑河下游额济纳三角洲生态用水效率变化与驱动机制研究(41877165)”的资助。选择黑河下游的额济纳三角洲为研究区，该地区地下水埋深浅，蒸发能力大，潜水蒸发是主要消耗项。以荒漠包气带水-汽-热运移机制为科学问题，开展了干旱区包气带水文过程的系统观测试验，分析了土壤温度和土壤空气对荒漠包气带水汽传输影响；在包气带水流连续性方程和热量平衡方程的基础上，增加了土壤空气运动方程，并在水汽对流、扩散和热量传输项中考虑了土壤空气的作用，构建了荒漠包气带水-汽-气-热耦合运移模型，模拟分析了包气带水汽传输过程；运用该模型估算了日潜水蒸发速率，并与地下水位波动法和水热平衡法估算结果在月尺度上进行了比较。研究成果丰富了对干旱区包气带水汽运移规律的认识，为研究干旱区潜水蒸发、水热平衡、陆面过程模式等问题提供理论基础。

由于作者水平有限，书中难免存在疏漏和不足，恳请广大读者给予批评指正。

杜朝阳

2023 年 3 月 21 日

目　录

图目录

表目录

第1章 绪 论

1.1 研究背景与意义

1.1.1 研究背景

包气带是指地面与潜水面之间的地带，它与岩石圈、水圈、生物圈和大气密切联系并相互作用，影响着陆地表层的水汽传输、能量分配和物质赋存与运转。陆地表层的水主要由包气带水、地下水、植物水、地表水和大气降水（“五水”）构成并不断循环转化。地表水和大气降水经包气带渗透补给地下水，而浅层地下水经土壤水分蒸发和植被蒸腾转化为大气水，因此，包气带是连接“五水”转换的重要纽带（刘昌明，1997；李云良，2010），包气带水分运动研究是水文学研究的热点。自20世纪初，毛管势理论、土水势理论、湿润锋入渗理论、二相流理论等相继出现并得到发展。在土壤水分运移的早期研究中，包气带水动力学基本理论假定土壤空隙与大气是相通的，即土壤空气压强与大气压力保持平衡，忽略土壤孔隙中气相运动对包气带水分运动的影响（Faybishenko，1995）。基于这个假设，Richards（1931）推导出了包气带水流运动连续性方程，由此包气带水分运动研究由静态定性的经验描述走向了动态定量的机理分析。由于描述土壤入渗、蒸发、溶质运移等过程的包气带水分运移方程均是基于 Richards 方程，因此土壤空气压强与大气压保持平衡的假设被广泛应用，这一假设也被称为 Richards 假设（Celia and Binning，1992）。

在土壤水分运移过程的早期研究中，认为土壤孔隙中只有液态水运移，Richards 方程是在湿润环境条件下得到的（Mandavi et al.，2018）。但随着研究的深入，发现土壤水分运移不仅有液态水，还有气态水；尤其在干旱条件下，气态水成为包气带水分传输的主导形式。干旱区与湿润区在土壤质地、气候条件等存在明显的地带性差异，导致影响包气带水汽传输的主导因素也不同，因此 Richards 假设不适用于描述干燥包气带水汽传输过程。已有研究表明：土壤温度和土壤空气是影响干燥包气带水-汽-热传输的主导因素（Saito et al.，2006；韩江波 等，2014）。Philip 和 de Vries（1957）基于 Richards 假设，考虑了气态水运移以及土壤温度对液态水、气态水和热量传输的影响，提出了土壤水-汽-热耦合运移模型（简称 PDV 模型）。Cahill 和 Parlange（1998）将能量-质量守恒方程结果与 PDV 模型结果相比较，表明：PDV 模型严重低估了试验中的水汽通量，与能量-质量守恒方程计算的水汽通量方向相反。Heitman 等（2008）做室内实验发现，当土柱两端温度梯度方向对调时，PDV 模型计算结果与实测结果相差甚大。Zeng 等（2011a）考虑了水汽对流与弥散作用，建立了浅层包气带水-汽-空气-热耦合运动模型，试图阐明包气带水-汽-热耦合运动机制。但是 Mohanty 和 Yang（2013）发现 Zeng 等建立模型高估了空气平流作用对等温水力传导率的作用，而且土壤水力特征曲线未延伸到全部范围。

由此可见,要描述清楚包气带水-汽-热耦合传输过程,不仅要重新定义假设条件,还要重新考虑驱动因素对水汽扩散的影响。要攻克这一系列难题是很具有挑战性的。

土壤动力学理论存在诸多难题,在干旱区或干旱条件下,包气带水热运移的现象还未得到合理解释,主要原因是大多数机制和模型的试验是在理想条件下进行的,已有的假设并不适用于干旱区或干旱条件。以往模型所需参数多是通过室内试验获得的,与真实情况存在偏差,导致模型模拟效果很大程度上依靠参数调试。尤其干旱区,气候条件极端恶劣,包气带结构复杂,开展野外试验观测非常困难,直接影响并制约着干燥条件下包气带水分运动规律的研究。因此,开展干旱区或干旱条件下的包气带水-汽-热运移试验与模拟是土壤水文学的热点和难点。

1.1.2　研究意义

包气带作为陆表系统的重要界面,是连接"五水"循环与转化的纽带。降水与地表水可经包气带向下渗透补给地下水,而浅层地下水又可向上补给包气带,经蒸散发作用进入大气,同时伴随能量的传输和相态的转化,影响着陆表圈层的水分传输和能量分配。因此,研究包气带水汽传输对丰富土壤水分运动机理和深化干旱区水热平衡认识具有重要理论意义;同时,对完善陆面模式、农田水分管理、土壤水资源利用及荒漠化治理等问题的解决提供理论基础。

在干旱区,包气带中土壤液态水含量接近或低于凋萎含水量(此类包气带称为干燥包气带),但水汽(气态水)含量较多且扩散能力强。水汽传输成为干旱区土壤蒸发的主要贡献者,并伴有热量交换,直接影响着干旱区水热平衡和蒸发状况,成为影响区域大气环流不可忽略的重要因素(Ciocca et al.,2014;张人禾 等,2016)。已有研究发现:土壤的温度和空气成为影响干燥包气带水汽传输不可忽略的驱动因素。在干旱区土壤温度会影响包气带剖面水分分布和水汽通量的变化(Saito et al.,2006;韩江波 等,2014),Zeng 等(2011b)也已证实土壤空气运动能增强沙漠包气带水汽通量。但是对土壤温度和土壤空气如何共同影响干燥包气带水汽传输这一问题缺乏定量认识和系统研究。孙菽芬(2002)认为估算陆气界面蒸发量的常用方法正是忽略了这两种影响因素的作用,从而导致估算干旱区水热平衡和潜水蒸发存在较大误差。我国干旱区有超过 1/2 的面积是沙漠、戈壁和沙漠化的土地,其包气带水汽传输直接影响着区域蒸发状况。因此,开展土壤温度和土壤空气对荒漠包气带水汽传输的影响研究不仅可以丰富包气带水汽传输理论,也可为完善陆面过程模式和提高其在干旱区的模拟与预报能力提供理论基础。

我国西北干旱区平原地区,降雨稀少、蒸发作用强烈,年降水量多小于 100～200 mm/a,个别区域低于 50 mm/a;山区河流季节性入流河水及其补给形成的潜水,是维持干旱区生境的主要水分来源,而垂向交换的潜水蒸发是该地区水循环的主要模式(刘昌明,1997;毛晓敏 等,1997;侯兰功 等,2010)。以黑河流域下游的额济纳三角洲为例,多年平均降水量为 34.5 mm/a,多年平均参考蒸散发蒸发量为 1444 mm/a,广布荒漠戈壁,包气带较厚,表层土壤干燥缺水,导致植被稀疏生长缓慢,生态环境脆弱。但是额济纳三角洲是我国西北干旱区重要生态屏障,又是重要军事和边防战略要地,极端干旱气候和脆弱生境使得该地区水问题和生态问题更为突出。为保障黑河下游生态屏障功能,从 2000 年开始实施黑河流域调水,调水成为该地区地下水补给主要水源。该地区地下水平均埋深 3～5 m,降水补给比例小(10.2%),蒸散发比例大

(85.1%),那么潜水蒸发是该地区的主要消耗项(刘啸 等,2015),包气带成为地下水排泄的重要通道。由于干旱区包气带水分运动机制复杂,野外观测条件受限,包气带水分运动和潜水蒸发定量研究相对薄弱。本研究基于野外观测试验,在该地区开展包气带水汽传输机制和潜水蒸发研究,有利于深化认识干旱区土壤水与潜水的关系,对涵养和保护地下水资源、科学生态恢复与建设具有重要的理论和实践意义。

1.2 国内外研究进展

1.2.1 包气带水汽热运移研究进展

包气带是地面以下潜水面以上的介质,是大气降水和地表水与地下水发生联系并交换水分的纽带,它是土壤颗粒、空气、水三相共存的一个复杂介质系统,具有吸收水分、存储水分和传递水分的能力。在干旱区,包气带是水资源形成、转化与消耗过程中不可缺少的重要部分,对维系地表生态植被具有不可替代的保水和供水作用,因此深入研究包气带水分运动机制对认识地表水、土壤水、地下水的相互转化关系十分重要。

1.2.1.1 包气带水分运动理论研究

包气带中水分运动受介质特性、能量等多种驱动力影响,是一种十分复杂的物理、化学相互作用过程。从岩土特性、水分形态、大气压、土温梯度、能量传导等角度研究包气带水分运动会有不同的理论方法。当前常见的理论方法有:毛管势理论、土壤水势理论、湿润锋入渗理论、层流理论等(李继江 等,2001)。

1856年Darcy通过均匀砂的渗透实验发现了达西定律,当包气带中水流运动属于层流时,可以直接使用达西定律描述水分运动,Buckingham(1907)首次提出了毛管势理论来研究包气带水分运动,将达西定律引入非饱和流,成为研究非饱和水流的理论基础。Gardner(1920)将土壤水势与土壤含水量建立关系,为用数学方程定量描述包气带水分运移奠定了基础。从20世纪三四十年代开始运用土壤水势理论系统地定量研究包气带水分运动(张瑜芳,1992)。Richards(1931)运用土壤水势理论推导出包气带连续水流方程并获得了解析解,从此包气带水分运动研究由静态定性的经验描述走向动态定量的机理分析。之后,有关土壤水和野外试验的研究在《Soil Water》一书中被系统地总结和介绍(Nielsen et al.,1972)。湿润锋入渗理论也在20世纪初问世,Green和Ampt(1912)提出了计算累积土壤入渗量和入渗速率的公式;1944年,Bonman和Coleman提出了水分入渗运动过程的湿润锋入渗理论,并用于计算入渗量和入渗速率。而优势流理论认为:如果水流补给充分,水分会通过那些阻力小的大通道快速运动(Bouma,1981),使湿润锋入渗理论受到了挑战。

Philip和de Vries(1957)结合前人的理论和实验成果,将包气带水分运动分为液态水和气态水,同时考虑土壤温度梯度对包气带液态水和气态水分运动的作用,建立了非恒温条件包气带水-汽运动方程。这是首次将包气带中液态水、气态水和热量传递耦合在一起,是包气带水分运动模型发展中的一个里程碑。从此,包气带水分运动考虑的影响因素均在此基础上进行不断完善。Milly(1980)在硕士毕业论文中考虑了滞后效应及介质不均匀性,对PDV模型进行了扩展,得到非均质土壤水热耦合运动模型。但是,Cahill和Parlange(1998)以及Heitman

等(2008)均发现PDV模型结果与实际观测不一致；这说明该模型还存在缺陷。发现这一问题后，很多学者开始考虑土壤空气对水汽运动的影响，在PDV模型中加入了土壤空气运动连续方程，建立了水分-空气-热量二相传输模型(Thomas and Sansom，1995；Zhou et al.，1998；Zeng et al.，2011b；Jahangir and Sadrnejad，2013)，包气带水分运动理论进入了一个新阶段。

20世纪60年代，系统理论被引入到包气带水分运动研究中。Philip(1966)将土壤-植物-大气看成一个连续系统，提出了土壤-植物-大气连续体(Soil-Plant-Atmosphere Continuum，SPAC)的概念，成为研究现状农田尺度土壤水分运动的新理论基础，也是包气带水分运动研究理论的一个重大突破。但是SPAC系统没有考虑到地下水对该系统的影响，刘昌明(1997)讨论指出“五水”转化中的土壤水-地下水界面研究扩充了SPAC系统的内涵；同时“七五”国家科技攻关课题“华北地区大气降水-地表水-土壤水-地下水相互转化关系研究”取得了地下水含水层应与SPAC组成一个统一连续的系统的重要认识，并提出了地下水-土壤-植物-大气连续体(Groundwater-Soil-Plant-Atmosphere Continuum，GSPAC)概念，这一概念突出考虑了地下水与SPAC水热传输的统一性和系统性，着重考虑了地下水与包气带水分运动的关系(沈振荣 等，1992；刘昌明，1997)。

综上所述，包气带水分运动理论经历了100多年已取得了长足发展，逐步由简单定性的描述走向定量机理的模拟分析。但现有包气带水分运动理论也存在着诸多难题，譬如毛管势理论中对土壤孔隙形状概化失实，同时对水驱动力机制考虑不全面；土壤水势理论在实际应用中对土壤水势组成过分概化；层流理论将达西定律直接用于非饱和流缺乏理论和实验依据；这些问题也指出了包气带水分运动理论研究下一步发展方向。

1.2.1.2 包气带水分运动参数确定

水分运动参数是包气带水分运动数值模拟中必不可少的资料。一般需要确定的参数是土壤水热参数，包括：非饱和水力传导度 $K(\theta)$、残余含水量 θ_r、非饱和扩散率 $D(\theta)$、比水容量 $C(\theta)$、土壤体积热容量 C_V 等。获取这些参数方法包括直接测定法和间接估算法。

(1)直接测定法

土壤水分特性参数测定方法分为室内实验测定方法和野外试验测定法。

土壤水分特征曲线的测定方法主要有张力计法、土柱法、离心法、压力膜法、蒸汽压法、电阻率法(李春燕 等，2011；张志祥 等，2013；赵雅琼，2015)。其中，土柱法既可以测量脱水过程也可以测量吸水过程。田间测定水分特征曲线多数用张力计法，但测量结果极容易受到环境条件的影响。

非饱和水力传导度室内实验测定方法有：土柱法、下渗通量法和瞬时剖面法等(杨诗秀和雷志栋，1991；王全九 等，1998；赵晶晶 等，2007)；而野外试验测定的方法有：单步出流试验法(Toorman et al.，1992)、瞬时剖面法(Rose et al.，1965)、土柱蒸发法(Šimůnek et al.，1998)等。这些测定方法原理均以达西定律为理论基础。

土壤热容量和热传导是土壤水热特性的重要因素，与空气和土壤间的热交换关系密切。这两个参数的测定都是从野外取土样，在室内实验完成测定。测定热容量的方法有恒定状态法、非恒定法和比较法等(日本土壤物理特性测定委员会，1979)。测定热传导系数的方法是热脉冲法和混合法，对于固、液、气相组成的土壤比热，由各组成成分的比热相加(李毅和邵明安，2005)。

(2)间接估算法

虽然直接测定法快速可控、结果精确,但是耗时长、花费高、工作量大,因此其实践应用受到了限制;而用土壤物理模型确定土壤水热特性参数可弥补直接测定法的不足。

目前常使用的水分特性参数模型主要有:Gardner 模型(Gardner exponential model),BC 模型(Brooks and Corey piecewise continuous model)和 vG 模型(van Genuchten model)。

Gardner 模型(Gardner,1958):

$$\frac{K}{K_s}=\begin{cases}1 & \varphi\geqslant\varphi_a\\ \alpha_G\exp(\varphi-\varphi_a) & \varphi<\varphi_a\end{cases} \tag{1-1}$$

式中,$K(\varphi)$为非饱和水力传导度;K_s为饱和水力传导度;α_G为吸附常数,是 Gardner 模型中表征介质孔隙大小分布的参数;φ为土壤基质势;φ_a为空气压力。

BC 模型(Brooks and Corey,1964):

$$S_e=\frac{\theta-\theta_r}{\theta_s-\theta_r} \tag{1-2}$$

$$S_e=\begin{cases}1 & \alpha_{BC}\varphi\geqslant 1\\ (\alpha_{BC}\varphi)^{-\lambda} & \alpha_{BC}\varphi<1\end{cases} \tag{1-3}$$

式中,S_e为有效饱和度($0\leqslant S_e\leqslant 1$);$\alpha_{BC}$为 BC 模型中孔隙大小分布参数。

vG 模型(van Genuchten,1980):

$$S_e=[1+(\alpha_{vG}\varphi)^n]^{-m} \tag{1-4}$$

式中,S_e为有效饱和度($0\leqslant S_e\leqslant 1$);$\alpha_{vG}$为与孔隙大小相关的参数;$n,m=1-1/n$为影响水分特征曲线形状的经验参数。

Zhu 等(2004)和 Ghezzehei 等(2007)从理论上推导了 Gardner 模型、BC 模型和 vG 模型中的参数α_G,α_{BC}和α_{vG}之间的一致性,并且给出了三者之间相互转换的近似数学表达式。

而对于非饱和水力传导度估算的物理模型有 Mualem 模型和 Burdine 模型。

Mualem 模型(Mualem,1976):

$$\frac{K(S_e)}{K_s}=S_e^{1/2}\left[\int_0^{S_e}\frac{1}{\varphi}\mathrm{d}S_e\Big/\int_0^1\frac{1}{\varphi}\mathrm{d}S_e\right]^2 \tag{1-5}$$

Burdine 模型(Burdine,1953):

$$\frac{K(S_e)}{K_s}=S_e^{1/2}\left[\int_0^{S_e}\frac{1}{\varphi^2}\mathrm{d}S_e\Big/\int_0^1\frac{1}{\varphi^2}\mathrm{d}S_e\right]^2 \tag{1-6}$$

将水分特征曲线模型和水力传导度模型结合起来使用可以得到包气带水分运动参数(非饱和水力传导度$K(\theta)$、残余含水量θ_r,非饱和扩散率$D(\theta)$、比水容量$C(\theta)$等)。一般包气带水分运动模型中常用的水分运动参数模型为 van Genuchten-Mualem 模型或者改进的 van Genuchten-Mualem 模型。

土壤热容量由 de Vries(1958)模型获取,而热传导度由 Chung 和 Horton(1987)或者 Campbell(1985)获得,公式为:

$$C_p(\theta)=C_s\theta_s+C_o\theta_o+C_a\theta_a+C_l\theta\approx(1.92\theta_s+2.51\theta_a+4.18\theta_l)\times 10^6 \tag{1-7}$$

$$\lambda_0(\theta)=b_1+b_2\theta+b_3\theta^{0.5} \tag{1-8}$$

或

$$\lambda_0(\theta)=A+B\theta-(A-D)\exp[-(C\theta)^E] \tag{1-9}$$

式中,C_p为土壤热容量;θ为体积比;下标 s,o,a,l 分别为包气带中固相、有机物、气相和液相;λ_0为土壤导热度;b_1,b_2,b_3,A,B,C,D,E 为相关参数。

1.2.1.3 温度对包气带水分运动的影响

在包气带水分运动传统研究中,仅考虑液态水在土壤孔隙中的扩散作用,而常忽略温度影响包气带水分运动。20 世纪初,土壤温度梯度对包气带水汽和水势均有影响(Boucoyous,1915),这一影响在后来的试验中得到了验证,而且是土壤水汽运移的主要驱动力(Lebedeff,1927);温度与土壤水势成正向关系,温度升高导致土壤吸力降低,土壤水势增大,土壤水增多,水分特征曲线下移且变缓(Gardner,1958)。这一关系开启了温度与包气带水分运动之间的关系研究,同时发展了温度梯度下包气带水汽运动理论(Smith,1943;Taylor and Cavazza,1954)。Philip 和 de Vries(1957)研究土壤温度梯度对土壤水势的影响,得出温度每升高 0.002 ℃,湿润锋处土壤吸力降低 1 cm。后来不同温度梯度对蒸发的影响研究表明:温度梯度变化会导致蒸发有 10%的差异(Hanks et al.,1967)。赵贵章(2011)利用原位试验场对包气带水盐运移进行长期观测,发现潜水面温度与地表温度相差大于 10 ℃时,须考虑温度会增大蒸发强度的影响。以上实验和模型研究说明土壤温度梯度的作用在包气带水分运动机制中不容忽略。土壤温度也会影响土壤水势的滞后效应,温度升高,滞后效应反而降低(王国栋 等,1996;张富仓 等,1997;汪志荣 等,2002)。Milly(1982)提出了考虑土壤水势滞后效应的非均质包气带水热耦合运动模型(以下简称 Milly 模型),该模型能很好地描述复杂环境下的土壤水汽热传输过程。国内学者主要通过改进 PDV 模型或 Milly 模型研究不同条件下的包气带水汽热运动过程及影响因素(杨金忠和蔡树英,1989;隋红建 等,1992)。

此外,土壤温度影响水分运动还体现在水分运动参数上。土壤水分运动参数与温度分布是相互作用的。土壤温度会通过影响水分和介质的物理性质运动参数发生变化,从而导致包气带水分分布发生变化。反过来,土壤水分运动参数影响土壤热传导,从而导致土壤温度的分布变化(李继江 等,2001;汪志荣 等,2002),因此,包气带水热耦合运动是一个复杂的物理过程。土壤温度变化可导致包气带水分的黏滞系数、密度、表面张力的变化,从而影响土壤水势,被称为表面张力-黏滞理论(surface tension viscous flow)(Miller and Miller,1956)。而温度影响水黏滞系数主要是温度对饱和/非饱和水力传导度的影响(Boucoyous,1915;冯宝平 等,2002)。许多学者利用数值模型也对此问题进行了积极的探索。林家鼎和孙菽芬(1983)根据土壤水分、温度变化物理模型,研究裸土条件下的水分流动、温度分布及土壤表面蒸发效应。Hopmans 和 Dane(1986)、Schneider 和 Goss(2011)分别研究了温度对土壤水力传导度和水分特征曲线影响。隋红建等(1992)和任理等(1998)在上述传输机理上,研究不同覆盖条件下土壤水热耦合运移规律,同时将土壤水热模型从一维模型发展到二维,深化了对水-汽-热耦合运移研究。还有学者从热力学角度分析了土壤水分的温度效应和土壤水分热力学函数特征,奠定了土壤水分热力学研究基础(张一平 等,1990;高红贝和邵明安,2011)。

对土壤温度作用于包气带水分运移的集成者应是 Saito 等(2006),不仅考虑了温度对土壤液态水的饱和与非饱和水力传导度的影响,也考虑了温度对气态水的传输影响,系统地构建了包气带水-汽-热运移模型(Saito 模型),成为 Hydrus-1d 软件中模拟土壤水、气、热运移的核心模块,也是包气带水-汽-热耦合运移理论发展的一个里程碑。

1.2.1.4　包气带水汽二相流研究进展

随着包气带水分运动的深入研究，包气带中气相运动对水分传输的影响引起了学者关注。包气带中液态水流的扩散、水汽运移、相变发生以及热量传输等过程是多个复杂物理过程的耦合，相互影响交织在一起(Milly，1980)。特别是土壤含水量比较低的情况下，当土壤含水量降低到不能维持土壤基质势的连续时，土壤中本来水力连续的土壤水形成了孤立的没有水力连续的毛细水桥(Zeng et al.，2011a)，这种状态下液态水与气态水运移是同时进行的，相变发生于此时，此时的土层也被称为相变层。当土壤含水量更低的情况下，土层中的毛细水桥被蒸发殆尽，水力不连续的液态水已经完全发生相变，全部转化为气态水的扩散运动(Thomas and Sansom，1995)。Philip 和 de Vries(1957)建立了包气带水汽热耦合运移模型描述水汽与液态水的复杂运移过程。该理论意在阐明土壤孔隙中由于局部温度梯度增强了水汽扩散运移。由于该理论没有直接的观测数据来证实，该理论描述的水汽增强扩散机制受到质疑。试验研究结果表明：当没有温度梯度时，水汽的增强运移现象依旧出现(Webb and Hod，1997)，从而说明 PDV 模型中的水汽运移机制还不完善。Shokri 等(2009)利用 X 射线和中子射线照相技术观测孔隙中的微观运动，仔细观测了水汽在孔隙尺度上的运动过程，并讨论了水汽运移的扩散机制，但是没有讨论土壤水汽的其他运移机制。自然界中物质和能量的传输机制有三种：对流、扩散和弥散(Ho and Webb，1996)，PDV 模型还需要考虑水汽和土壤空气的对流和弥散作用，那么土壤空气的运动可作为一个状态变量。

在传统包气带水分运移方程中常常假定土壤空气压强和大气压强保持平衡，忽略了土壤空气流动的影响。由于土壤是一个复杂的多孔介质，土壤孔隙中的空气与大气具有一定的连通性，但是二者的变化又有一定的滞后性，因此土壤空气与大气之间的压强差会造成土壤空气运动影响水汽运移。这种压强差引起的影响深度与土壤的厚度和分层有关，厚度越大影响深度越大，分层越多影响深度越大(Tillman and Smith，2005)。Kuang 等(2013)从时间尺度、压强大小、影响深度等方面综述了大气波动、地形效应、地下水位波动和入渗对土壤空气的影响，其中大气波动引起的土壤空气运动，其影响深度可达 10～100 m，土壤空气压强波动在 −3.0～3.0 kPa，因此土壤空气对包气带水汽传输的影响不容忽略。在蒸发条件下，Kimball 和 Lemon(1971)指出土壤空气波动能显著增加浅层土壤蒸发。直到 1995 年，Thomas 和 Missoum(1995)首次将土壤空气作为影响非饱和水汽传输的影响变量，建立了土壤水汽热耦合传输方程。Zeng 等(2011b)考虑土壤空气对气态水的对流和扩散作用，指出在陆表模式中必须考虑土壤空气对干燥包气带水汽传输的影响。目前工程领域比较关注土壤空气或气体对土壤水、汽、热的传输，如环境污染、废气储存、地热和干燥工程等(Kuang et al.，2013)，而对土壤空气在包气带水汽传输中的影响研究非常少。大量模拟实验验证认为，如果介质不均匀，存在水驱气的阻力时，气相的存在能对水相的运动造成较大的影响(Youngs，1995)。为了弄清水汽运动的机制、理解土壤空气压强引起的水汽对流、弥散运移，需要建立考虑土壤空气运动的包气带水-汽-热二相传输模型。

1.2.2　潜水蒸发研究进展

潜水蒸发是指包气带以下饱和土壤水分(地下水)的蒸发，地下水借助土壤毛管力的作用向包气带输入水分，通过土壤水蒸发/植物腾发进入大气的过程(尚松浩和毛晓敏，2010)。如果地下水位埋深很浅且沿途孔隙较大，则地下水可以直接蒸发。潜水蒸发在英文文献中有 groundwater evaporation，phreatic water evaporation 和 capillary rise water evaporation 三种表述（Liakopou，1966；Sharma and Prihar，1973；Coudrain-Ribstein et al.，1998；Babajimopoulos et al.，2007；Costelloe et al.，2014），这三个词语的内涵均不相同，但在中文文献里弱化了三者的差异，统一用“潜水蒸发”来表示。尚松浩和毛晓敏（2010）认为潜水蒸发并不是地下水的蒸发，而是土壤水与地下水直接交换量的一部分，将其理解为地下水对土壤水的补给更为准确些。

由于地下水向上补给包气带水受土壤蒸发、植物蒸腾、土壤温度等因素的影响，有关潜水蒸发的研究一直是水科学研究中的难题。在长期的研究和实际应用中，摸索出了很多研究方法，如试验观测法、经验公式估算法、地下水波动法和数值模拟法等，各方法都有其优缺点并一直在发展（张蔚榛和张瑜芳，1981；尚松浩和毛晓敏，2010；赵玉杰 等，2011）。

1.2.2.1 试验观测法

试验观测法是定量研究包气带水分运移的最直接有效的方法，可获得研究潜水蒸发的第一手资料。最直接的观测仪器是蒸渗仪，可测得不同作物条件、不同土壤质地、不同地下水埋深及不同时段的潜水蒸发数据，从而获得潜水蒸发规律、影响因素分析及经验公式（陈建耀和吴凯，1997；Harsch et al.，2009）。我国在不同时期和不同地区建立了许多地下水均衡观测场，对潜水蒸发进行野外试验和观测，如我国东部的山东禹城站、河南封丘站、安徽滁州试验基地，西北地区的阜康荒漠生态观测试验站、叶尔羌试验站、鄂尔多斯盆地试验场等。目前试验观测主要针对裸地条件，根据观测分析影响因素与潜水蒸发关系，为盐渍化防治、土壤水资源评价、干旱区生态保护等提供试验支撑。

由于潜水蒸发是潜水由地下水面向大气输送水汽的连续过程，受多种因素影响，不容易直接观测，因此发展快速、灵活的间接方式十分必要，间接方式需要辅助经验公式或土壤水动力学理论。间接测量的方法有：涡度通量观测、负压计、土壤水分测定仪等。涡度通量观测可直接获得地表水汽通量数据，但获得的数据是瞬时的，需长期观测，并与地下水动态或者包气带水分动态结合使用。而负压计、土壤水分观测设备得到的土壤水势、土壤含水量、包气带水分消耗量等虽不能直接计算潜水蒸发量，但是这些方法却是研究者最常用的手段（孔凡哲和王晓赞，1997；Blaine，1999；Soppe and Ayars，2003）。这些间接观测方法不仅为研究潜水蒸发提供了可能，更能从机理上研究潜水蒸发规律及其影响因素，在农田土壤水分运移研究中被广泛使用（胡和平 等，1992；康绍忠 等，1993；任理 等，1998）。随着研究的深入，观测仪器在不断地发展更新以适应极端环境。例如，过去负压计需要人工操作进行加水、记录，而现在负压计不仅可以自动加水，而且可以自动记录发送数据。土壤水势观测可以使用热电偶进行测量，扩展测土壤水势的应用范围（Scanlon et al.，1999）。称重式蒸渗仪系统也在朝着智能化、模块化方向发展（吴运卿 等，2006；Meissner et al.，2007；Unold and Fank，2007）。此外，根据水量平衡原理，利用区域地下水长期观测数据也可以进行潜水蒸发规律研究（即地下水波动法）（Wang et al.，2014）。

1.2.2.2 经验公式估算法

在有关潜水蒸发研究中，已有许多经验公式在实践生产中被广泛应用于潜水蒸发估算。经验公式估算法是通过测坑试验获得大量的不同地下水位埋深条件下的潜水蒸发数据，利用回归分析建立经验模型，用以确定某一土壤质地的不同水位埋深和水面蒸发与潜水蒸发的关系，这一复杂关系通常用潜水蒸发系数来综合表示。这一经验模型需要大量实测数据作支撑，在实际应用中具有一定的局限性。

裸地潜水蒸发经验公式比较多。阿维里扬诺夫公式是常用公式之一（罗玉峰 等，2013）：

$$\frac{E_g}{E_0}=\left(1-\frac{H}{H_{max}}\right)^m \tag{1-10}$$

式中，E_0为水面蒸发（mm/d）；E_g为潜水蒸发（mm/d）；H 为地下水位埋深（m）；H_{max}为潜水停止蒸发的埋深（潜水蒸发为零时的地下水位埋深，约 1.5～4.0 m）；m 为与土壤质地和植被情况有关的经验常数，一般为 1～3。

1977 年，叶水庭根据实测资料提出了潜水蒸发计算指数型公式，并用于给水度估算（叶水庭 等，1982）：

$$E_g=\mu\cdot\Delta h=E_0\mathrm{e}^{-\alpha H} \tag{1-11}$$

式中，α 为经验系数，由实测资料确定；μ 为潜水变幅内土壤给水度；Δh 为计算时段内日均潜水位变幅；μ 为潜水变幅带土壤的给水度，其他符号意义同前。

毛晓敏等（1998）在叶尔羌流域分析了潜水蒸发系数与埋深 H 之间的关系，得到潜水蒸发系数的反 Logistic 公式：

$$\frac{E_g}{E_0}=\frac{K}{1+\beta\mathrm{e}^{\alpha H}} \tag{1-12}$$

式中，H 为地下水位埋深（m）；K，α，β 为拟合系数。

随后，赵成义等（2000）在分析不同潜水埋深与水面蒸发的关系的基础上，基于土壤水动力学原理，提出了潜水蒸发公式的分段拟合方法，解决了常用公式过高估潜水蒸发的问题。公式为：

$$E_g=\begin{cases}KE_0 & H=0\\ E_{max} & E_0>E_{oc},H>0\\ f(E_g,H) & 0<E_g<E_{oc},H>0\end{cases} \tag{1-13}$$

式中，K 为折算系数；E_0为大气蒸发力（mm/d）；E_{oc}为临界大气蒸发力（mm/d）；E_{max}为极限潜水蒸发强度（mm/d）；$f(E_g,H)$可以为阿维里扬诺夫公式等具体表达形式。

以上公式相对简单，在实际中应用比较普遍。但是，这些公式存在一个正比假定，一般在水面蒸发能力较大或者潜水埋深较浅的地区成立，与实际情况有一定的差别，在使用过程中须注意这一前提条件。

为克服正比假定的局限性，可采用幂函数等描述潜水蒸发强度与水面蒸发强度之间的非线性关系。沈立昌（1982）根据分析的地下水长期观测资料，提出了双曲型潜水蒸发经验公式，具体表达如下：

$$E_g=\mu\cdot\Delta h=\frac{k\mu E_0^{\alpha}}{(1+H)^{\beta}} \tag{1-14}$$

式中，k 为土质、植被及水文地质条件的综合经验参数；α 和 β 为指数；其他符号意义同前。

随着研究深入，裸地潜水蒸发的半经验-半机理公式逐渐被提出来，而且形式比较多。较著名的是清华公式，雷志栋等（1984）应用非饱和稳定流理论分析了潜水蒸发与潜水埋深、水面蒸发的关系，提出了潜水蒸发估算的半经验公式：

$$E_g=E_{max}(1-e^{-\eta E_0/E_{max}}) \tag{1-15}$$

式中，η为经验常数，其他符号意义同前。清华公式考虑了表土蒸发和土壤输水特性，能很好地拟合野外实测数据和室内实验数据，被认为是一种较好的半经验-半机理公式；但在实际应用中，公式中的参数难以确定。

唐海行等(1989)对上式又进行了修改和完善，提出η是一个变量，并假定η与E_{max}存在经验关系：$\eta=e^{-E_{max}^{-n}}$，同时应用土壤水动力学方法，推导出非饱和水力传导度K和土壤吸力s的关系表示为$K(s)=ae^{-bs}$，那么E_{max}与H的关系为：

$$E_{max}=\frac{a}{e^{bH}-1} \tag{1-16}$$

式中，a，b为参数；$K(s)$的单位为cm/d；s的单位为bar*；H为地下水埋深(计算中折算为bar)。

胡顺军等(2004，2006)建立了2个包含E_{max}的简化公式：

$$\begin{cases}E_g=E_{max}(1-e^{-mE_0})\\E_{max}=\dfrac{a}{e^{bH}-1}\end{cases} \tag{1-17}$$

$$\begin{cases}E_g=E_{max}\dfrac{E_0}{E_0+b}\\E_{max}=aH^{-m}\end{cases} \tag{1-18}$$

式中，a，b，c，m分别为参数，H为地下水埋深(m)。

随后，裸地潜水蒸发的机理公式也出现了。孔凡哲和王晓赞(1997)利用土壤吸力来计算潜水蒸发，其公式为：

$$E_g=\frac{a}{S^m+b}\left(\frac{S}{H}-1\right) \tag{1-19}$$

式中，a，b为实验得出的参数；S为土壤水吸力；m为土质常数，取值为1.5～4.0，土质越黏，m值越小，砂土m取4。

Eagleson(1978)根据土壤水连续方程推导出了旱季稳定潜水蒸发速率估算公式：

$$E_g=K_s\left(1+\frac{1.5}{mc-1}\right)\left(\frac{\varphi_s}{H}\right)^{mc} \tag{1-20}$$

式中，K_s为土壤饱和水力传导度(cm/s)；φ_s为土壤水有效饱和度为1时的基质势(cm)，即进气吸力；m为土壤孔径分布指数，$c=(2+3m)/m$；该式具有一定物理意义。

为考虑植被条件下的潜水蒸发，根据植被类型、根系特征与裸地潜水蒸发的关系，建立某些指标或系数表征植被条件下的潜水蒸发与裸地潜水蒸发关系，例如，植被影响系数K_g(作物生长与裸地条件下潜水蒸发的比值)可用来计算植被生长条件下的潜水蒸发强度：

$$E_{gv}=K_gE_g \tag{1-21}$$

式中，E_{gv}为植被条件下的潜水蒸发；K_g为植被影响系数，根据已有资料或经验公式获得。

以上公式包含了经验公式、经验-机理公式和机理公式，揭示了潜水蒸发在一定地下水埋深下和一定蒸发能力范围内所遵循的规律。当水位埋深较小，潜水蒸发主要由土壤的输水性

---

* 非国标单位。土壤水文领域仍通行的单位。1 bar=10^5 Pa。

能控制，与蒸发能力呈非线性关系；当蒸发能力大于临界值时，潜水蒸发与潜水的埋深有关。另外，这些公式各有优缺点，经验公式计算简单，缺乏机理基础；经验-机理公式具有一定物理含义，但形式相对复杂；机理公式基于土壤水流方程推导而来，物理概念明晰，但受条件限制不便应用。

1.2.2.3　地下水波动法

White(1932)通过野外观测潜水蒸发与地下水位日变化过程时发现，干旱半干旱区潜水蒸发日尺度变化会引起浅层地下水位的昼夜周期性波动(图1-1)。基于潜水蒸发与地下水位的关系，White提出了基于地下水日变化过程的潜水蒸发估算方法，即地下水位波动法(water table fluctuation，WTF)。该方法假设蒸发消耗是引起干旱区埋深较浅的潜水面下降的最主要影响因素，一般选择具有稳定下降速率的某一时段地下水动态数据来计算该时段内平均潜水蒸发量(Healy and Cook，2002；Martinet et al.，2009)。随着地下水位自动监测技术的发展，利用高时间分辨率的地下水位观测数据研究干旱区潜水蒸发已成为一种趋势(Gribovszki et al.，2008；Lautz，2008)。近年来，为了提高WTF方法的计算精度和可靠性，学者对WTF方法进行改进(Loheide，2008)；通过对地下水流场进行同步观测，量化地下水侧向补给和排泄量，可进一步对水位波动法进行修正与完善，更加精准地量化潜水蒸发强度(Burt et al.，2002)。Wang和Pozdniakov(2014)利用由统计方法分解得到的日波动数据计算地下水蒸发，方法简单、可靠，该方法使得利用小时尺度的地下水位数据估算干旱区潜水蒸发成为可能。因此，地下水波动法成为利用高频地下水位动态数据来研究干旱区潜水蒸发定量研究的有效方法之一(Scanlon et al.，2002；Carling et al.，2012)。

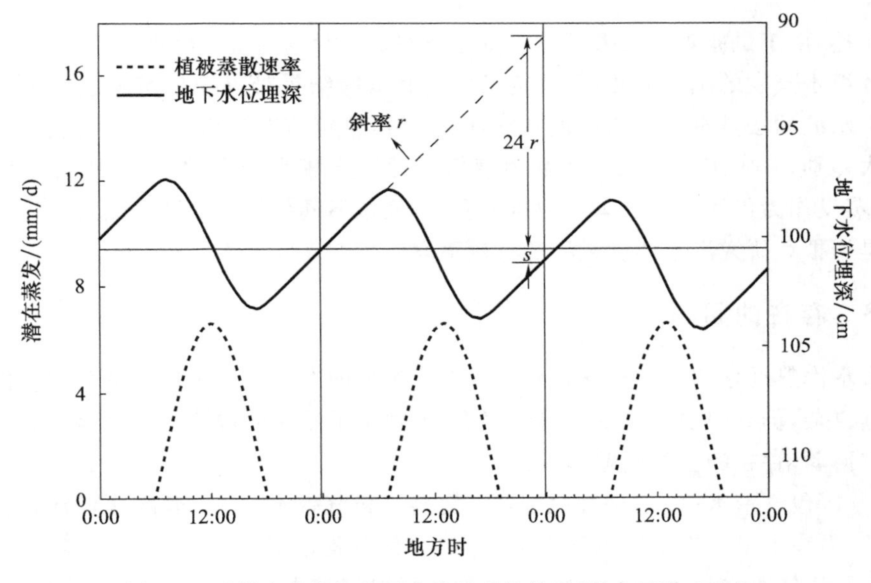

图1-1　日潜水蒸发与地下水位波动的关系(引自王平，2014)

1.2.2.4　数值模拟法

数值模拟法是根据水量平衡和能量平衡理论，建立土壤水分运动方程，由实验获取参数，用数值模拟法来计算土壤水分通量，用观测数据验证的模型模拟不同土壤质地、地下水位、气象条件的潜水蒸发过程。数值模拟以实测资料为基础,所需费用较低,能提供快而详细的过程和结果。

20世纪50年代,张蔚榛在地下水资源评价过程中,根据调查和理论分析,运用势能理论和非稳定流理论,计算潜水蒸发速率(张蔚榛和张瑜芳,1981)。Gardner(1958)应用土壤水势理论推导并求解出包气带水分稳定运动的解析解,并分析了裸地潜水蒸发规律和影响因素。包气带水分运动方程只在均质土壤在稳定蒸发条件下有解析解,对于非均质或者非稳定条件下就不再适用了。针对土壤非均质特性问题,Willis(1960)分析了分层土壤稳定蒸发条件下的潜水蒸发规律。而赵成义等(2000)在土壤水动力学的基础上提出了潜水蒸发公式的分段拟合方法。对于有植被的潜水蒸发问题,Raes 和 Deproost(2003)提出了稳定条件的潜水蒸发计算模式,分析了植被生长条件下稳定潜水蒸发规律。上述学者多利用土壤水动力学研究针对均质土壤和稳定条件下的潜水蒸发规律或模式,但对于潜水蒸发的影响因素(如降水、灌溉、盐分等)考虑不足。毛晓敏等(1997)利用叶尔羌河流域水均衡实验场对裸地潜水蒸发进行了实验研究,根据地表能量平衡原理和土壤水热迁移理论,建立了裸地潜水蒸发模型,模拟了裸地潜水蒸发运动,并对潜水蒸发影响因素(如土质、潜水埋深等)进行了分析。牛国跃等(1997)发展了沙漠裸土的液、汽两相水分运动模式,与包气带液态水运动模型结果对比发现:干燥土壤中,水汽运移通量比液态水运移通量大得多;而湿润土壤中,水汽运动对土壤水量平衡和能量平衡的影响都非常小。对于裸地蒸发,左强等(1999)用土壤水分包络线表示一定地下水埋深下土壤水分通量与土壤质地及水面蒸发强度之间的关系。今后还可以运用多孔介质流体动力学和土壤水分热力学理论,以包气带水热运移为主线,开展潜水蒸发规律和包气带水热运移机理研究。

综上所述,由于试验观测结果可建立特定条件下的影响因素与潜水蒸发的关系,直接测定法仍是研究潜水蒸发的基本方法,但特定条件下的试验结果难以满足实际生产中条件变化的需要。地下水波动法具有一定的物理基础,但通常以稳定蒸发为前提条件,与实际的复杂情况存在着巨大差别,其应用受到限制。数值模拟法运用土壤水动力学,在观测大量数据的基础上,将潜水蒸发作为包气带水分运动的通量变化,模拟不同条件下的潜水蒸发过程。因此用数值模拟法是模拟和研究潜水蒸发过程的有效手段。

1.2.3 存在的问题

包气带水汽热运移和潜水蒸发研究已取得了长足的发展。由于包气带水汽运移和潜水蒸发过程极其复杂,仍有很多问题没有得到解决,特别是干旱区的包气带水分运动机制和潜水蒸发规律研究薄弱,存在的主要问题如下:

(1)干旱区包气带水-汽-热运移机制还不完善。包气带水-汽-热运移是研究潜水蒸发过程的有效途径,而在干旱区极干燥包气带水-汽-热运移过程还不够清楚;尽管已有模型理论考虑了土壤温度和气体对水分运移的影响,但是干旱区包气带水-汽-热传输机制还不完善,包气带水分规律未得到合理解释。

(2)干旱区复杂环境条件下,包气带水分运动和潜水蒸发的理论与野外试验研究缺乏。以往大多试验是在室内可控边界条件下进行的,试验时间短,不能完全揭示野外复杂条件下(气候条件极端恶劣、包气带结构复杂等)的潜水蒸发规律。需开展野外试验,运用包气带水分运移理论，结合数值模拟方法以揭示潜水蒸发的机理。

(3)运用点尺度包气带水分运动模型估算区域潜水蒸发存在的尺度问题仍未得到解决。在进行水资源评价，荒漠化治理和生态环境保护等研究时，既要清楚水分运移的机制，又要揭示区域潜水蒸发规律。虽然一维包气带水分运动模型具有清晰的物理机制，但是它是点尺度模型，无法用于区域尺度潜水蒸发估算，这是一个尺度扩展问题，需要深入研究蒸发过程和包气带岩性及水分条件的关系。

1.3 研究目标与内容

1.3.1 研究目标

本研究选择我国极端干旱区额济纳三角洲为研究区，以戈壁带和河岸带的包气带为研究对象，开展包气带水分、气象要素、地下水的原位同步观测，分析水汽传输机制，考虑土壤中空气运动，建立包气带水-汽-气-热耦合传输模型，模拟计算生长旺季两种下垫面的潜水蒸发，揭示潜水蒸发的规律，为认识干旱区水资源转化和生态保护提供科学基础。

1.3.2 研究内容

根据本研究的目标，主要研究内容如下。

(1)开展戈壁带、河岸带包气带水分原位观测和室内实验

在额济纳三角洲的戈壁带、河岸带分别布设包气带水分观测试验点，自行设计试验方案并安装观测仪器；实现地下水、土壤水分温度、气象要素(温度、湿度、大气压、风向风速、降水)原位同步、高频、连续自动观测和无线远距离传输。室内实验完成包气带结构分析、水分特征曲线和土壤物理参数测定，为模型准备所需参数。

(2)运用 Saito 模型模拟分析包气带水热传输过程

在整理分析野外试验观测的地下水位、包气带温度、含水量、气象要素等数据的基础上，应用 Hydrus-1d 软件分别模拟戈壁带、河岸带包气带水热传输过程，分析温度场及其引起的水汽通量的时空变化特征。

(3)考虑土壤空气的影响，建立包气带水-汽-气-热耦合传输模型

由于研究区包气带上层含水量极低，土壤空气对干土层水汽运动的影响不容忽略；分析空气对液态水与气态水运移的机制，增加土壤空气运动方程，建立考虑土壤空气运动的包气带水-汽-气-热耦合传输模型(简称新模型)；分析比较新模型与 Saito 模型的模拟结果之间的差异；并对模型的参数和边界条件变化进行敏感性分析。

(4)运用多种方法估算戈壁带、河岸带生长旺季潜水蒸发量

分别利用新模型、地下水波动法和水热平衡法估算戈壁带、河岸带生长旺季的潜水蒸发，将三种方法估算结果进行比较分析，验证新模型计算结果；分析戈壁带、河岸带生长旺季的潜水蒸发变化特征。

研究技术路线见图 1-2。

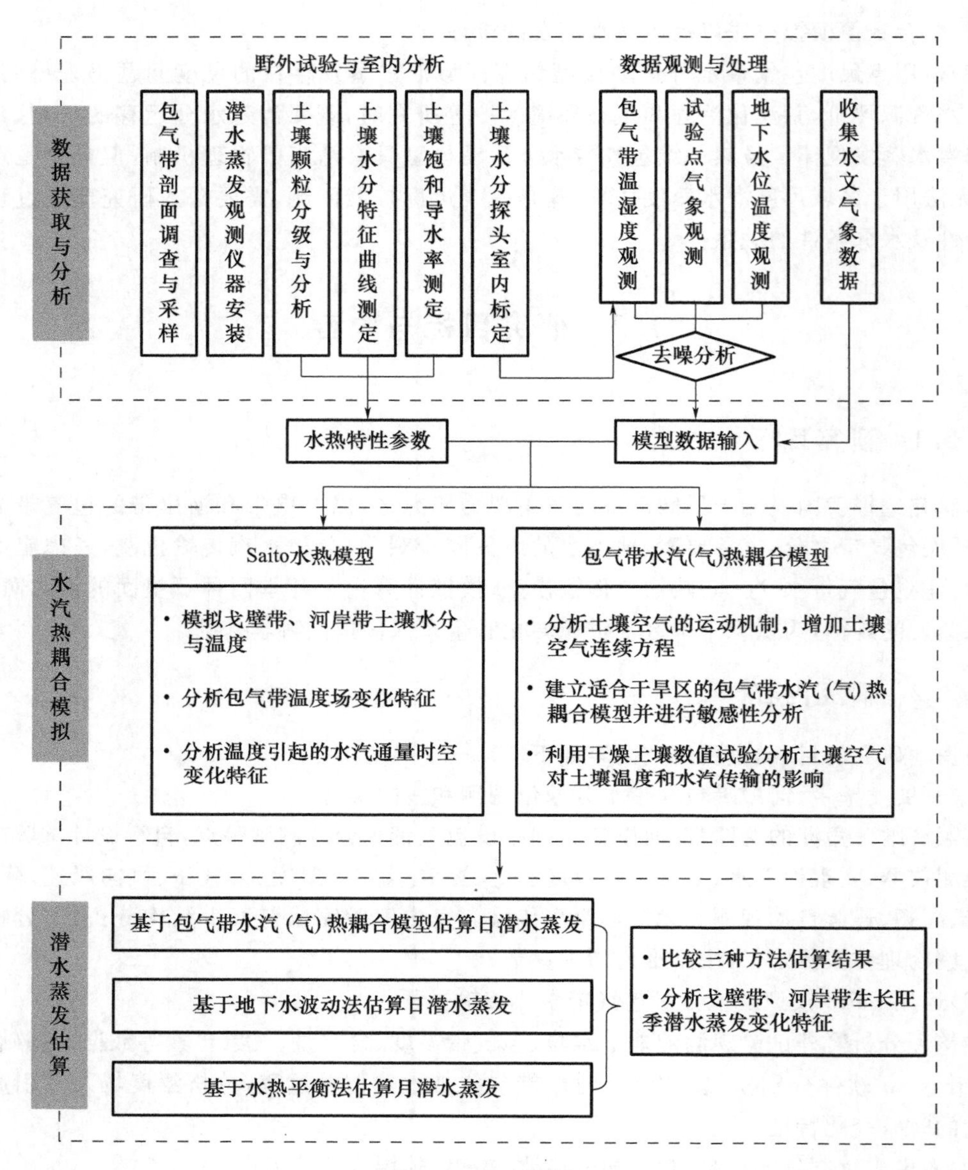
数据获取与分析
野外试验与室内分析
包气带剖面调查与采样
潜水蒸发观测仪器安装
土壤颗粒分级与分析
土壤水分特征曲线测定
土壤饱和导水率测定
土壤水分探头室内标定
数据观测与处理
包气带温湿度观测
试验点气象观测
地下水位温度观测
收集水文气象数据
去噪分析
水热特性参数
模型数据输入
水汽热耦合模拟
Saito水热模型
• 模拟戈壁带、河岸带土壤水分与温度
• 分析包气带温度场变化特征
• 分析温度引起的水汽通量时空变化特征
包气带水汽(气)热耦合模型
• 分析土壤空气的运动机制，增加土壤空气连续方程
• 建立适合干旱区的包气带水汽（气）热耦合模型并进行敏感性分析
• 利用干燥土壤数值试验分析土壤空气对土壤温度和水汽传输的影响
潜水蒸发估算
基于包气带水汽（气）热耦合模型估算日潜水蒸发
基于地下水波动法估算日潜水蒸发
基于水热平衡法估算月潜水蒸发
• 比较三种方法估算结果
• 分析戈壁带、河岸带生长旺季潜水蒸发变化特征

图 1-2　技术路线

第2章　包气带基本概念和理论

2.1　基本概念

2.1.1　包气带

为了便于理解包气带的物理过程，需要介绍包气带的基本概念和理论。包气带通常是指地面与区域地下水位之间的介质层（图2-1），其上层包括根系层和土壤风化层。在包气带内，土壤与基岩通常是非饱和的，即这些孔隙仅部分充有水。

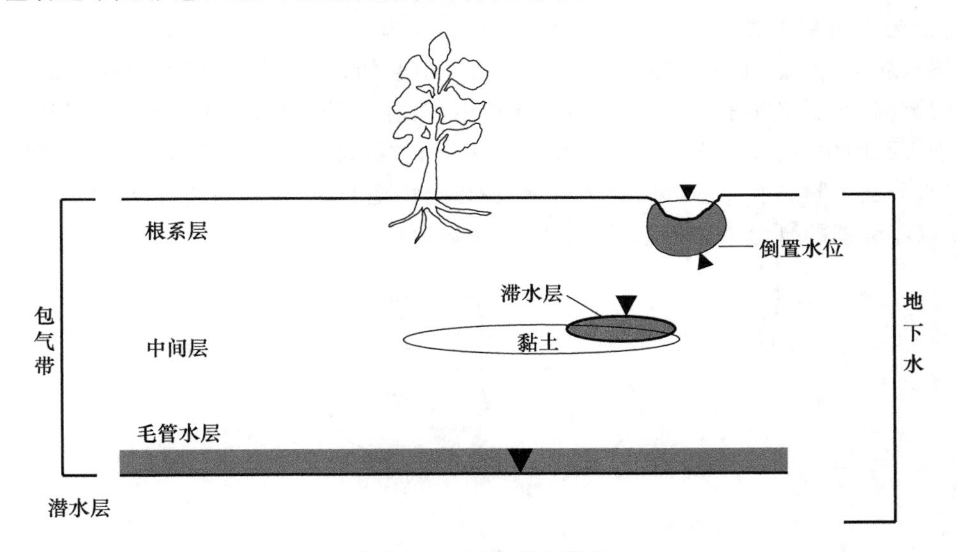

图2-1　包气带概念模型

包气带有些部位是饱和的，因此不能将包气带等同于非饱和带。出现饱和现象的显著位置是在地下水位的上方，此处的毛管水上升导致土壤孔隙充满了水。孔隙虽然是饱和的，但是维持着这些水的张力小于大气压。对于砾石，张力饱和区厚度小于10 cm，对于黏土，其厚度可能大于2m。在水压为正（向下为正）的位置也可以发现饱和区域，例如低渗透层上方会形成滞水条件。滞水含水层出现在包气带内，是包气带的一部分，非饱和带将之与区域地下水位分开。滞水含水层上下的非饱和带对于滞水含水层的界定与野外识别至关重要。在包气带中，地表下局部滞水和排水处以及降水或漫灌后广泛下渗区域也会发生饱和情况。

综上所述，包气带具有以下一般特征：

（1）包气带位于地表以下和区域地下水以上；

（2）尽管在某些区域会出现全饱和状态和正水压的情况，但是多数包气带内的水压通常低于大气压；

(3)水流特性取决于孔隙的饱和度。

2.1.2 水势

与含水层一样，在包气带中，土壤水分运动也是从势能高的地方流向势能低的地方。如果要确定包气带水分运动的方向，就需要计算出土壤水的总势能。土壤水总势能梯度是指势能在空间上沿某一方向的变化，其决定了水流运动的驱动力大小。

总土壤水势的数学表达为：

$$\underset{\text{土壤总水势}}{\phi_{T}} = \underset{\text{土壤水势}}{\phi_{SW}} + \underset{\text{重力势}}{\phi_{G}} \tag{2-1}$$

土壤总水势有土壤水势和重力势两个组成部分，其中总水势的第一项为土壤水势(ϕ_{SW})，由毛管势、化学势、温度势以及电场势等组成，是从热力学基本原理中推导出来的，可参考雷志栋(1993)的结果：

$$\phi_{SW} = \phi_{matric} + \phi_{pressure} + \phi_{osmotic} \tag{2-2}$$

式中，ϕ_{matric}为土壤基质势，$\varphi_{pressure}$为土壤压力势，$\phi_{osmotic}$为土壤渗透势。

土壤基质势(ϕ_{matric})是由土壤毛管力和吸附力引起的；受土壤中液相、气相和固相之间相互作用的影响，对于湿润土壤，毛管力占主导作用，而对于干燥土壤，吸附力占主导作用。毛管水存在于大孔隙中，而吸附水发生在土壤颗粒表面，被极性水分子包围着，如图 2-2 所示。对于黏土，水分被吸附到有双静电层的土壤颗粒；当土壤饱和时，不存在空气-水界面，即 $\phi_{matric} = 0$。由于以零势能的自由水面为参考，因此，基质势为负值。

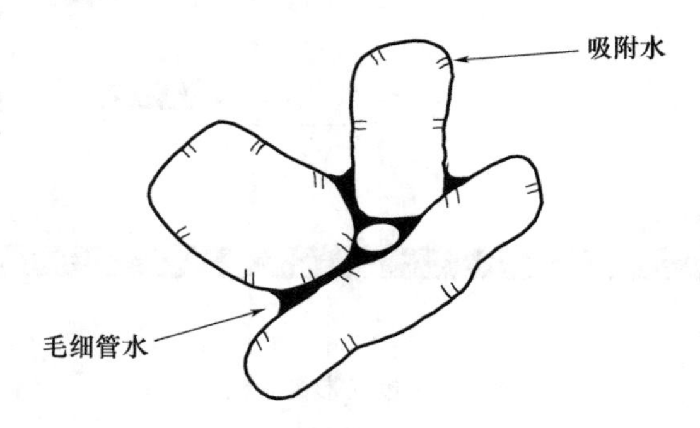

图 2-2 毛管力和吸力引起的基质势

土壤压力势($\phi_{pressure}$)是描述土壤空气压力或土壤水饱和区正向静水压力。一些学者将压力势这两个分项称为气体压力势和静水压力势(例如，Taylor 和 Ashcroft，1972)。在非饱和带内，使用气压计测量压力势；在饱和带中，通过监测井的水位获得压力势。

土壤渗透势($\phi_{osmotic}$)是指影响土壤水能量状态的化学浓度差。例如有一个半透膜，将不同浓度的区域分开，渗透势梯度将驱动水从低浓度区流向高浓度区。孔隙水中的空气-水界面和植物根系的凯氏带均可以看作半透膜。在植物根内，高电解质浓度降低渗透势，促使水吸收。对于比较大的渗透势能吸收少量盐渍土壤水。如果土壤水中的盐分增加到一定程度，即使土壤充分湿润，由于透过根部薄膜的渗透压不够，植物可能永久凋萎。

土壤重力势(ϕ_{G})是由于重力场的存在而引起的，它决定于所论土壤的高度或垂直位置将单位数量的土壤水分从某一点移动到标参考状态平面处，而其他各项均维持不变时，土壤水所做的功为该点土壤水的重力势。

总土壤水势的各分量可表示为单位重量的势能(L)，单位质量的势能(L^2T^{-2})或单位体积的势能($MT^{-2}L^{-1}$)。对于包气带水分运移，通常使用单位重量的势能更为方便，可以使用单位长度来表示重力势，即测量点高于某个基准面的高程。当土壤水势表示为单位重量的势能时，土壤水势称作压力水头(h)。

为了将土壤水势的体积单位(ϕ_{SW})换算为压力水头(h)，采用以下公式：

$$h=\frac{\phi_{SW}}{\rho g} \tag{2-3}$$

式中，ρ 为流体密度；g 重力常数。当土壤中水的势能以单位重量表示时，总势能方程(2-1)写为：

$$H=h+z \tag{2-4}$$

式中，H 为总水头；z 为相对于任意基准面的高程水头。

2.1.3　含水量

土壤含水量是研究包气带中最简单的一个概念。但是，不同的学科表达方式不同，共有三种表达方式：

体积含水量：
$$\theta=\frac{\text{土壤水的体积}}{\text{土壤总体积}}(cm^3/cm^3) \tag{2-5}$$

重量含水量：
$$\theta_g=\frac{\text{土壤水的质量}}{\text{干燥土壤质量}}(g/g) \tag{2-6}$$

饱和度：
$$S=\frac{\theta}{n}\times 100(cm^3/cm^3) \tag{2-7}$$

水文学家和土壤学家倾向使用体积含水量，岩土工程师常使用重量含水量，石油工程师常使用饱和度。体积含水量与重量含水量的转换关系如式(2-8)，通常体积含水量比重量含水量高 40%～60%。

$$\theta=\frac{\rho_b}{\rho_w}\theta_g \tag{2-8}$$

式中，ρ_b为干燥土壤密度，通常取 1.4～1.6 g/cm^3；ρ_w为水密度(1.0 g/cm^3)。

土壤含水量和土壤性质之间还存在其他一些关系，岩土工程师常使用这些关系。

$$\theta_g=\frac{Se}{G} \tag{2-9}$$

式中，S 为饱和百分比；e 为孔隙率(孔隙体积/固体体积)；G 为固体比重(无量纲)。

$$\theta_g=\frac{\gamma_t-\gamma_d}{\gamma_d} \tag{2-10}$$

式中，γ_t为单位重量(总重量/体积)；γ_d为干土单位重量(干土重量/体积)。

2.1.4　土壤水分特征曲线

压力水头(土壤水势)与含水量之间存在非常重要的关系，而土壤水分特征曲线描述了二者之间的关系，如图 2-3c 所示，描述了在变饱和多孔介质中土壤水的能量状态。

为了描述压力水头(h)和土壤含水量(θ)之间关系，土壤水文学家常将土壤的不同孔径概化为不同直径的垂直毛管束。如果将毛细管插在水中，水被吸入毛细管，并沿毛细管上升，达到静态平衡时停止(图 2-3b)。毛管水上升高度的计算公式如图 2-3 所示，毛细管半径越小，毛管水上升高度越大。

当毛细管中的水上升到一定高度，所有毛细管都充满了水，这个高度定义为毛细管边缘上限。对于黏土，毛细管边缘高度可能超过 1 m；对于砾石中，可能仅有 10 cm。随着水面高度增加而充满水的毛细管比例越小，可以明显地看出，毛管束的平均含水量随着高度增加而降低(图 2-3b)。

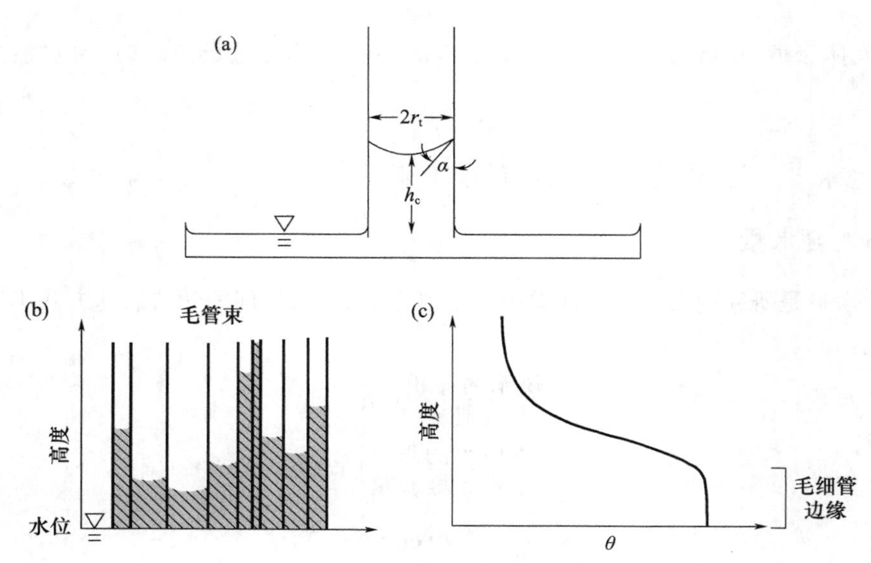

图 2-3　毛管势与水分特征曲线

(a)毛细管水上升高度；(b)不同毛管束水位上升的高度；(c)水面以上的土壤含水量

$\left(\alpha\text{:接触角};\sigma\text{:气-液界面张力};\theta\text{:土壤含水量};\rho\text{:水密度};h_c=\frac{2\sigma\cos\alpha}{\rho g r_t}\right)$

图 2-3c 中的毛细管边缘内平均含水量(θ)是恒定的，但其上方的含水量随高度增加而减小。为建立含水量与压力水头之间的关系，要寻找水面以上的高度与压力水头(h)之间的关系。

方法 1:概念上，位于地下水位处的土壤是完全饱和的；根据定义，地下水位处的压力水头或土壤水势为零，而此处土壤最大含水量等于土壤孔隙度，没有空气进入。假设地下水位缓慢下降，随着水位下降，初始水位距离新水位越来越远，毛细管受到的张力越来越大。当地下水位下降到毛细边缘高度时，空气开始进入最大的孔隙。当土壤水势为进气压力时，土壤开始脱水。在初始水位处，随着水位下降和孔隙脱水增加，压力水头变为负值而且越来越小，即随着压力水头减小，土壤含水量减小。

方法 2:假设毛细管半径和曲率半径的关系，可以得到如图 2-3a 所示的毛细管水头方程，进而可计算出毛细管上升的高度。通过比较压力水头与毛管上升高度可得到静水位以上的张力或压力水头。从图 2-3a 看到，毛细管上升高度(h_c)在水面以上，为正值。如果毛细管束处于静水平衡状态下，土壤水压力水头符号与 h_c相反，即 $h=-h_c$。这一结果是根据无水流条件

(总水头梯度为零)假设得出的，即 $\Delta H/\Delta Z=\Delta(h+z)/\Delta Z=0$。当 $h=-z$，这种情况是有效的。因此，如果已知地下水位且包气带剖面处于静力平衡状态(无水流的条件)，测得土壤含水量剖面，将每次观测的含水量与高程负值对应关联起来，就可以得到土壤水分特征曲线。

在给定压力水头或张力下，土壤含水量取决于土壤质地。减小相同的压力水头，砂和砾石失水较多，而黏土失水较少。这是因为砂和砾石中大孔隙比例高，较大孔隙中的水仅靠毛管力与土壤结合很弱。黏土的孔隙小，其土壤颗粒上的水表面积大，抵消了重力作用。极性水分子与黏土矿物表面之间形成的静电结合是黏土持性水强的主要原因。由于孔隙分布和矿物成分不同，每一种土壤的水势与含水量的关系是特定的。

与土壤水分特征曲线相关的几个概念：(1)进气压力水头；当饱和土壤开始进入空气时，其压力水头称为进气压力水头，是指土壤从饱和状态脱水达到平衡时的毛管边缘高度，也可以表示多孔介质开始脱水时所需的空气吸力。一般而言，进气吸力值由最大孔隙的直径决定。(2)田间持水量；在大雨或灌溉后排水 2～3 天，重力排水速度显著变慢，将这个阶段的含水量称为田间持水量。田间持水量一般只有通过现场测量获得。但是在室内试验中，通常将压力水头－100 cm 或－300 cm(约－0.1～－1 bar,)对应的含水量作为田间持水量；农田土壤中，田间持水量对应的压力水头常发生在水分特征曲线最平坦的地方，此处土壤含水量开始随压力水头降低而减小。(3)永久性枯萎含水量；缓慢的排水和蒸发可使土壤含水量变得很低，导致植物变得枯萎；虽然许多沙漠植物附近的土壤水势低于－40～－80 bar，但是按惯例将压力水头－15000 cm(约－15 bar)对应的含水量称为永久性枯萎含水量。对植物而言，将田间持水量和永久凋萎含水量之间的土壤水称为可利用土壤水。

获得土壤水分特征曲线方法有两种：一是从干燥土壤开始，在土壤吸收水分的过程中测定；二是从饱和土壤开始，在土壤脱水过程中测定。土壤从完全饱和开始脱水形成的持水曲线，称之为初始脱湿曲线。当土壤从初始干燥状态开始吸水(变湿润)时，土壤含水量变化按照另一条水分特征曲线，称为主吸湿曲线。两条曲线首尾大体重叠，但是中间差别明显，犹如一个绳套。当初始土壤含水量介于干燥和饱和之间时，所作出的土壤水分特性曲线位于该绳套之中，并呈现出一个个小绳套，这种现象称为滞后现象。这些绳套路径称为扫描曲线(图 2-4)。

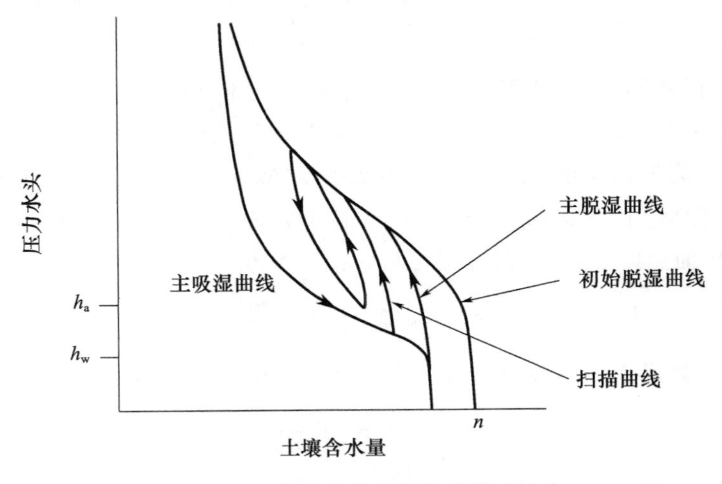

图 2-4　土壤水分特征曲线的滞后效应

(h_w:进水压力水头；h_a:进气压力水头；n:孔隙度)

引起滞后现象作用的可能原因如下：

(1)孔隙大小不一致性。土壤颗粒大小不同，孔隙大小也不一样。大、小孔隙脱(吸)水的压力水头临界值不相同。细小孔隙脱水过程中，孔隙底部压力水头减小(张力增大)，直到吸水足够与孔隙产生的毛管力相抵消，小孔隙才会完全脱水。因此，当压力水头降到临界值(细小孔隙是空的)以下时，一些大孔隙才会脱水。而对于干燥土壤吸湿过程中，相同临界压力水头下，大孔隙是空的，水先进入小孔隙；直到压力水头增大到大孔隙对应的临界压力水头，大孔隙才会充满水。因此，土壤脱湿到一定压力水头，大孔隙仍充满水；而土壤吸水达到这个压力水头，大孔隙仍将是空的。

(2)接触角的作用。吸湿的弯月面接触角大于脱水的弯月面接触角，所以在一定含水量条件下，脱湿过程的压力水头小于吸湿过程的压力水头。

(3)土壤孔隙中滞留的空气。当入渗或地下水位升高使土壤饱和时，一部分空气位于湿润锋前面，无法逸出，被滞留或封闭在土壤孔隙中。这必将进一步降低新湿润土壤含水量，妨碍达到真正的平衡，使滞后作用更加明显。

(4)土壤膨胀、收缩或老化作用。土壤变湿和变干的历时和次数将影响土壤结构，进而对滞后作用产生影响。空气逐渐溶解到土壤水中，以及溶解于土壤水中的空气逐渐释放也会对滞后作用产生影响。

2.2 包气带水流方程

2.2.1 达西方程

达西方程(Darcy equation)是土壤学家、水文学家和石油工程师最广泛认可的方程。1856年，法国工程师亨利·达西对用于污水处理系统的多孔滤料进行了室内试验。这个试验是在完全饱和条件下进行的。1907年，土壤学家 Buckingham 证明了达西方程可以应用到非饱和条件。达西方程也被用到石油和水文地质中的多相流问题。达西方程的一般形式可以写为：

$$q_{F_i} = -K_F(S_F)_{ij}\left(\frac{\partial h_F}{\partial x_i} + \rho_{rF} u_i\right) \tag{2-11}$$

式中，q_{F_i} 为流体 F 在 i 方向上的比流量($\mathrm{L \cdot T^{-1}}$)；K_F 为流体 F 的水力传导度($\mathrm{L \cdot T^{-1}}$)；S_F 为流体 F 的饱和百分比($\mathrm{L^3 \cdot T^{-3}}$)；$h_F = P_F/g\rho_w$ 为流体 F 的等效压力水头(L)；P_F 为流体 F 的压力($\mathrm{M \cdot L^{-1} \cdot T^{-2}}$)；$g$ 为重力常数($\mathrm{L \cdot T^{-2}}$)；ρ_w 为水密度($\mathrm{M \cdot T^{-3}}$)；x_i 为笛卡儿坐标($i, j=1,2,3$)(L)；$\rho_{rF} = \rho_F/\rho_w$ = 流体 F 的比重；$u_i = \partial z/\partial x_i$ 为单位重力矢量；z 方向向上为正。

如果只有水作为流体，那么达西方程可写为：

$$q_i = -K_F(\theta)_{ij}\left(\frac{\partial h}{\partial x_i} + \frac{\partial z}{\partial x_i}\right) \tag{2-12}$$

式中，z 向上为正。如果土壤是各向均匀同质的，在 x, y, z 三维坐标系中，达西方程写为：

$$q_x = -K(\theta)\frac{\partial h}{\partial x} \tag{2-13}$$

$$q_y = -K(\theta)\frac{\partial h}{\partial y} \tag{2-14}$$

$$q_z = -K(\theta)\left(\frac{\partial h}{\partial z}+\frac{\partial z}{\partial z}\right) = -K(\theta)\left(\frac{\partial h}{\partial z}+1\right) \tag{2-15}$$

达西方程指出流体运动是驱动力与比例常数的函数,驱动力为水力梯度(括号中的压力项和重力项),比例常数为水力传导度(K)。水力传导度是指流体通过多孔介质产生的黏性流动和摩擦损失。

2.2.2　包气带水流方程

用于描述包气带过程的最完整方程应该包括每种流相的方程。将达西方程与质量守恒方程结合,并假设多孔介质完全不可压缩,推导出这些方程。由水、有机液体和空气组成的三相流体,对于其流动问题,应用以下方程式。

水:
$$\frac{\partial \theta_W}{\partial t} = \frac{\partial}{\partial x_i}\left(K_W\left[\frac{\partial h_W}{\partial x_j}+\rho_{rW}u_j\right]\right)+\frac{R_W}{\rho_W} \tag{2-16}$$

有机液体:
$$\frac{\partial \theta_O}{\partial t} = \frac{\partial}{\partial x_i}\left(K_O\left[\frac{\partial h_O}{\partial x_j}+\rho_{rO}u_j\right]\right)+\frac{R_O}{\rho_O} \tag{2-17}$$

空气:
$$\frac{\partial \rho_a\theta_a}{\partial t} = \frac{\partial}{\partial x_i}\left(\rho_a K_a\left[\frac{\partial h_a}{\partial x_j}+\rho_{ra}u_j\right]\right)+R_a \tag{2-18}$$

$$\theta_W+\theta_O+\theta_a = n \tag{2-19}$$

式中,θ_P 为流相 P 的含量,其中下标:W 表示水,O 表示有机液体,a 表示空气;K_P 为流相 P 的水力传导度;x_i 和 x_j 为笛卡儿空间坐标系($i,j=1,2,3$);R_P 为单位体积多孔介质中进入的净质量(源汇项,如植物根系吸水量);n 为孔隙度(Environmental Systems & Technology, 1990)。

要预测包气带中多相流的时空分布,需要输入水、有机液体和空气的水力传导度。除了基本的流体特性外,模型还需要模型用户给定毛细管压力和流体含量之间的关系(例如土壤水分特征曲线)。如果只涉及两种流体,如空气和水,则只需要两个方程。无论是两个或三个方程,描述每个流相的方程在数学模型中都是耦合的,因为所有流相的饱和度之和始终等于包气带的孔隙度。

到目前为止,描述大多数包气带水流问题,如渗流和排水,均假设水是包气带中唯一的液相,水是不可压缩的,并且在大气压下空气是连续的、无处不在。在这些假设下,修改方程(2-16),并消除方程(2-17)和(2-18),得到方程(2-20),这就是众所周知的包气带水流方程——Richards 方程。1931 年 Richards 首次推导出这个方程,该方程便以 Richards 命名:

$$C(h)\frac{\partial h}{\partial t} = \nabla \cdot vK(h)\nabla vH \tag{2-20}$$

式中,$K(h)$ 为非饱和水力传导度($L\cdot T^{-1}$);$C(h)$ 为比水容量(L^{-1});$H=h+z$ 为总水头(L),h 为压力水头(L)。方程(2-20)是以压力水头为变量的方程,还可写为以含水量为变量的方程:

$$\frac{\partial \theta}{\partial t} = \nabla \cdot vK(\theta)\nabla vH \tag{2-21}$$

在含水层中,由于含水层压缩或者水的膨胀,水从含水层中释放出来,Richards 方程不适用于这类含水层中的水流问题。Richards 方程只适用于不可压缩多孔介质由填充或排出引起的水流问题。

2.3 包气带水分运动参数

2.3.1 水力梯度

包气带中的水力梯度的特征与地下水含水层水力梯度形成鲜明的对比。在含水层中,水流一般是水平的,区域水力梯度通常为 $10^{-4} \sim 10^{-3}$,很少超过 0.01。而在包气带中,水力梯度接近于 1 是很常见的。在质地均匀的包气带中,土壤含水量恒定,单位水力梯度不随土壤深度而变化。如果包气带是分层的,压力水头被多层平均,也会出现单位水力梯度(Yeh,1989)。如果压力水头或者平均压力水头在空间上没有变化,那么压力水头梯度($\partial h/\partial z$)为零。在这种情况下,重力项成为水力梯度项是要考虑的;当土壤水势用长度单位表示时,重力引起的水力梯度($\partial z/\partial z$)在垂直方向始终为 1。因此,当压力水头处处恒定时,总压力水头梯度为 1。单位水力梯度表明土壤水分垂直向下运动。当压力水头梯度为 1,水流通量(q)等于水力传导度($K(\theta)$)。

2.3.2 水力传导度

水力传导度是指单位压力水头作用下,单位断面面积上流过的水流通量,可分为饱和水力传导度和非饱和水力传导度。饱和水力传导度是一个常数,与土壤质地和结构相关,一般通过实测获得。而非饱和水力传导度是流体性质、介质性质和含水量的函数,即:

$$K(\theta)=\left(\frac{k\rho g}{\mu}\right)k_{\mathrm{r}}(\theta) \tag{2-22}$$

式中,k 为介质本身的渗透率(L^2);ρ 为流体的密度($M \cdot L^{-3}$);g 为重力常数($L \cdot T^{-2}$);μ 为流体的动态黏度($M \cdot T^{-1} \cdot L^{-1}$);$k_{\mathrm{r}}(\theta)$ 为相对渗透率(无量纲,其值范围是从 0～1)。相对渗透率,也称为相对水力传导度,是一个无量纲参数,其最大值为 1,表示孔隙全部充满水。但在野外现场,由于土壤孔隙存有封闭空气,包气带很少是完全饱和的。例如在灌溉地面以下和间歇性洪水冲积的河谷,最有可能出现封闭空气。因此,在野外条件下,水力传导度的最大值可能仅为饱和水力传导度的一半。

在土壤水文学中,一般认为非饱和水力传导度是土壤含水量或压力水头的函数。现有的知识还不能建立起水力传导度与土壤含水量的理论关系。一些学者在实际工作中提出了一些经验公式,目前通常采用 van Genuchten-Mualem 提出的公式:

$$K(\theta)=K_{\mathrm{s}}S_{\mathrm{e}}^{l}[1-(1-S_{\mathrm{e}}^{1/m})^{m}]^{2} \tag{2-23}$$

式中,K_{s} 为饱和水力传导度($L \cdot T^{-1}$);S_{e} 为有效饱和度(—);l 和 m 为经验系数。

2.3.3 水分扩散率

土壤水分扩散率是指单位含水量梯度下,通过单位面积的土壤水流量,其值为土壤含水量的函数,即:

$$D(\theta)=\frac{K(\theta)}{C(\theta)}=K(\theta)\frac{\mathrm{d}h}{\mathrm{d}\theta} \tag{2-24}$$

式中,$D(\theta)$ 为扩散率($L^2 \cdot T^{-1}$);$C(\theta)$ 为比水容量(L^{-1})。比水容量是指单位压力水头变化所

引起土壤含水量的变化，即为土壤水分特征曲线的斜率。因此，土壤水分扩散率既体现了非饱和水力传导度，又通过比水容量反映了土壤水分特征曲线。

与非饱和水力传导度相比，在土壤含水量通常变化范围内，扩散率的变化要小得多。对于某些问题，水分扩散率变化范围较小，使得以含水量为变量的包气带水分运移模型更容易应用。但是，当土壤接近饱和时，比水容量为零，土壤水分扩散率接近无穷大。因此，在模拟包气带水分运移方程中，不使用土壤水分扩散系数。由于土壤水分特征曲线具有滞后性，土壤水分扩散系数也有滞后性。此外，非饱和水力传导度控制着液态水传输，如方程(2-24)所描述。而在干燥条件下，土壤水分扩散率还包括水汽扩散引起的水分运动，因此，干燥条件下扩散系数增加是由于气态水传输引起的。

2.3.4　温度影响

包气带中土壤温度受地表温度和温度的日、季节波动的影响强烈。方程(2-25)描述了这一现象(Marshall and Holmes，1979)：

$$T(z,t)=T_a+A_O\exp\{-[(\omega/2k)^{1/2}z]\sin[\omega t-(\omega/2k)^{1/2}z]\} \tag{2-25}$$

式中，$T(z,t)$为 z 埋深、t 时刻的土壤温度；T_a为土壤平均温度；A_O为地表土壤温度的变化幅度；ω 为温度变化周期($1/T$)除为以 2π；k 为热传导扩散率($L^2 \cdot T^{-1}$)。该方程适用于预测热扩散率恒定的均质土壤温度变化。

热扩散率是指热导率与体积热容的比值，可以测得，也可以根据土壤中空气、水和矿物的热特性加权平均计算获得(如 Hillel，1980)。方程(2-25)表明，随着埋深(z)增加，温度的正弦波动逐渐减弱。根据方程(2-25)和野外观测计算，昼夜温度变化显著，但传播深度不超过 0.5 m，而温度季节性波动传播深度达几米。在此深度以下，由于受地热梯度(每 40 m 增加 1 ℃)影响，土壤温度通常随深度增加而增加。因为在包气带中水可以从温度较高的区域运移到较低的区域，所以土壤的温度梯度将影响土壤水分的传输。在夏季，埋深约 5～10 m 范围内，温度梯度是向下的。在这个深度以下，由地热梯度驱动土壤水分向上运移。温度驱动的水流与基质势和重力势驱动的水流方向可以相同，也可以不同。

另外，温度对 Richards 方程的变量和参数的影响也会影响包气带中液态水流动，如通过表面张力影响基质势，通过黏度影响水力传导度(Saito et al.，2006)。温度也会影响土壤水分特征曲线，在给定含水量，压力水头随着温度的升高而增大。

第3章 试验观测与数据处理

3.1 研究区概况

3.1.1 自然地理条件

(1)地理位置

额济纳盆地为额济纳旗的一部分，东接巴丹吉林沙漠，南以甘肃省鼎新盆地为限，西相邻马鬃山剥蚀山地，北抵中蒙边界，面积约为 3.4 万 km^2。额济纳三角洲为额济纳旗的绿洲区，是盆地的核心部分，自狼心山起，沿额济纳东、西河由南向北在平原上呈辐射状，北抵东、西居延海，形成了巨大的扇形三角洲，南北长 170 km，东西宽 80 km，土地面积 9068.4 km^2(图 3-1)。东、西河沿岸分布着植被，面积为 2218 km^2(张一驰 等，2011)，将戈壁分为东、中、西三部分。总体上，三角洲属于冲洪积湖积平原的地貌形态。

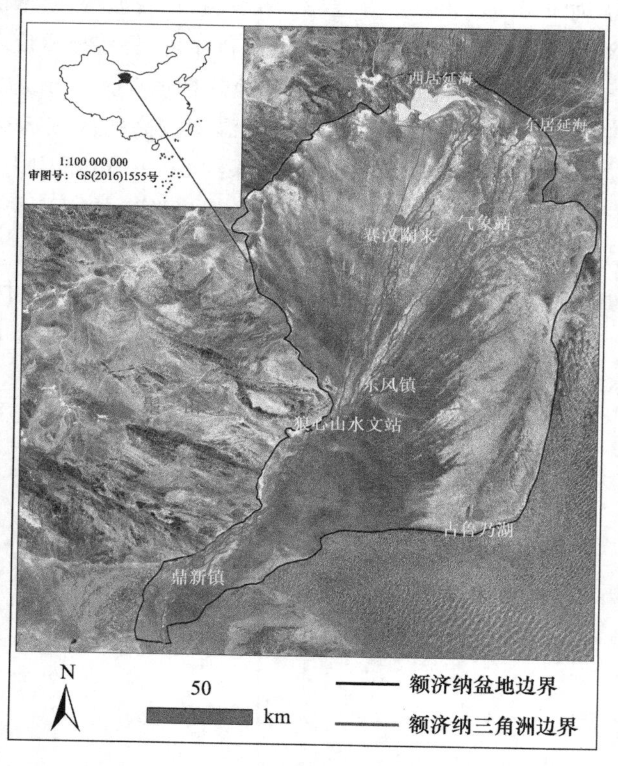

[彩]图 3-1 额济纳盆地地理范围(引自闵雷雷，2013)

(2)地形地貌

额济纳盆地南、西、北三面为低山所环抱,地形西南高,北边低,中间呈低平状。区内平均海拔为 1000 m,相对高度为 50～150 m,最低点西居延海,海拔 820 m,地面坡降 1‰～3‰(武选民等,2002)。地貌形态有西北残丘、中东部冲洪积湖积平原和东南部巴丹吉林沙漠三种类型。额济纳盆地,除沿河两岸集中分布着植被外,大部分为戈壁、低山丘陵风蚀地、沙漠和盐碱地。

(3)气候特征

额济纳三角洲地处沙漠腹地,远离海洋,属内陆干燥气候。夏季酷热,冬春寒冷,日温差大,风大沙尘暴多,蒸发强烈,降水稀少,气候极度干燥,为典型的极端干旱气候。

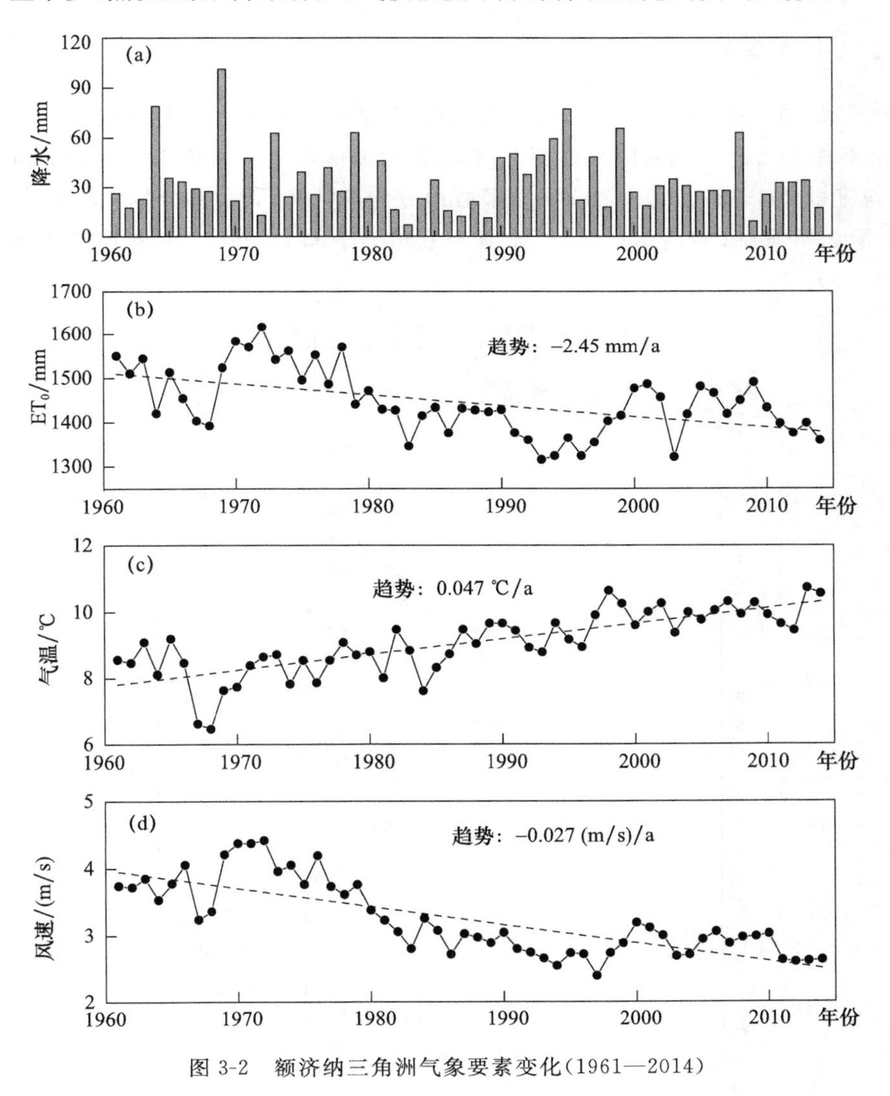

图 3-2　额济纳三角洲气象要素变化(1961—2014)

根据额济纳旗气象资料(1961—2014 年),多年平均降水量仅 34.5 mm,最大年降水量为 101.1 mm(1969 年),最小年降水量为 7.0 mm(1983 年),主要集中在 6—8 月,年际比值高达 14.4(图 3-2a)。多年平均参考蒸发量为 1444 mm,呈下降趋势,其气候倾向率为－24.5 mm/10a(图 3-2b)。

多年均气温为 9.1 ℃,夏季平均气温为 25.6 ℃,极端高温为 43.7 ℃(2010 年 7 月 28 日),冬季平均气温为-7.6 ℃,极端低温为-35.3 ℃(1964.2.9),1961—2014 年间气温逐年增长,增长速度为 0.47 ℃/10a(图 3-2c)。区内日照充足,多年平均日照时数为 3391 h,光热资源丰富,有利于乔灌木和牧草的生长。

额济纳三角洲春季盛行西风和西北风,平均风速为 4.8 m/s,夏季多偏东风,平均风速为 4.0 m/s。年均风速为 3.2 m/s,最大年均风速为 4.4 m/s(1972 年),最小年平均风速为 2.4 m/s(1997 年),1961—2014 年间风速有减弱趋势(图 3-2d)。年均 8 级以上大风天数为 107 d,年平均沙尘暴日为 20 d 以上(王志功 等,2003)。

3.1.2 水文条件

额济纳河发源于祁连山南麓,为内蒙古西部阿拉善高原荒漠区少有的内流河,上游有黑河和临水在鼎新相汇后向北流入内蒙古额济纳旗,流程逾 250 km,河道平均宽 150 m,正常水位 1.5 m,平均流量 200～300 m^3/s。该河至狼心山分为东河和西河,并分别汇集到东居延海(苏古诺尔)和西居延海(嘎顺诺尔)。两河漫流于三角洲平原上,共有 19 条分支,河网总长度为 647 km(图 3-3)。

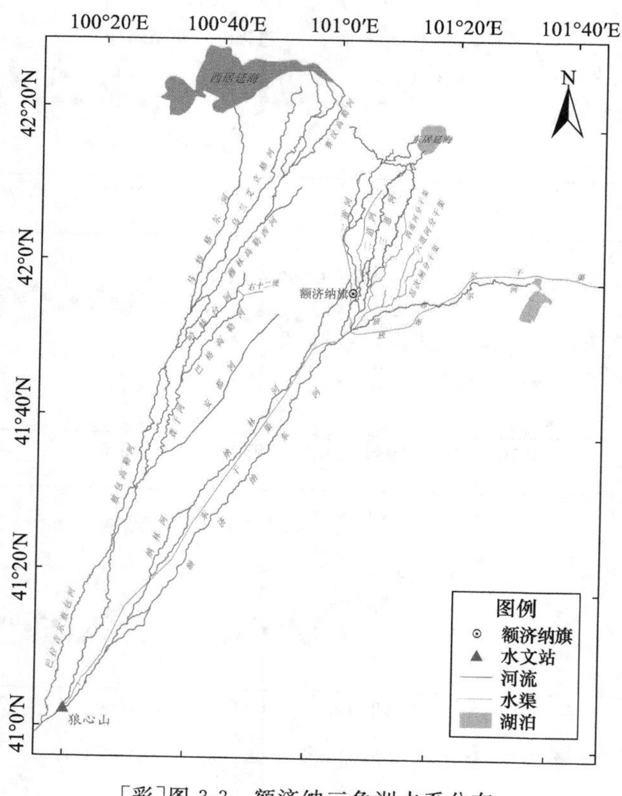

[彩]图 3-3　额济纳三角洲水系分布

受上、中游产水和地表水开发利用影响,额济纳河为典型的季节性河流:每年 7—9 月出现夏汛径流,形成年内径流高峰;10—11 月水量减少甚至干枯;12 月至翌年 3 月又出现少量径流,并以冰雪形态贮蓄在河床中。2 月下旬至 3 月上旬融化并形成春汛径流;4—6 月河道干枯。年均河道干枯期达 200 d 左右。

据正义峡水文站实测径流资料，1956—2000 年正义峡水文站出站径流量为 10.1 亿 m^3/a，由于这期间黑河中游用水量增加，黑河下游的径流量逐年减少；20 世纪 50 年代正义峡水文站实测径流量为 11.56 亿 m^3/a，90 年代正义峡水文站实测径流量为 7.48 亿 m^3/a，年均径流量下降了 4.08 亿 m^3。自从 2000 年开始实施黑流域生态输水，正义峡水文站径流量逐年增加。

据狼心山水文站 1991—2000 年实测资料，黑河入额济纳盆地径流量为 4.43 亿 m^3/a；实施生态输水后，2001—2014 年径流量呈增加趋势，平均径流量为 5.47 亿 m^3/a(图 3-4)。

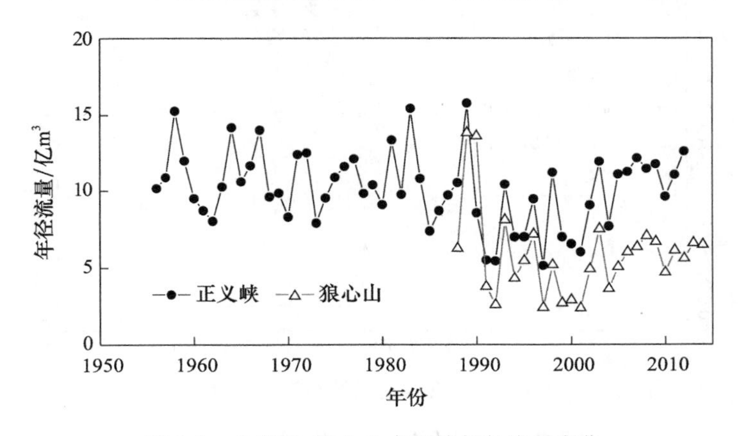

图 3-4　正义峡、狼心山水文站年径流量变化

3.1.3　水文地质条件

额济纳盆地是一个独立完整的地下水系统，含水层系统由盆地周边的基岩裂隙潜水含水层、盆地内部第四系潜水及潜水与承压水含水层构成(图 3-5)。盆地南部是单层结构的潜水系统，向北、向东逐渐过渡为双层或多层结构的潜水—承压水系统。盆地内含水层以冲、洪积物为主，其物质成分主要为砂、砂黏土和黏土。盆地自南而北，含水层岩性颗粒渐细，含水层的富水性由强变弱，含水层层次增多。盆地东、西居延海以北的含水层组成以冲洪积物为主，结构相对简单，而其以南地区沉积层为湖积和冲洪积物交叉堆积，含水层岩性变化复杂(武选民 等，2002)。

地下水主要靠黑河补给，外围基岩裂隙孔隙水补给和相邻盆地、沙漠地下水侧向径流补给较少，总补给量为 4.49 亿 m^3/a，可开采量为 3.39 亿 m^3/a，占总补给量的 75.5%。适宜灌溉的淡水资源量为 3.23 亿 m^3/a，占可开采量的 95.3%。沿河地区的潜水含水层为中更新统及全新统沉积层，潜水埋深 1.0～4.0 m，上部潜水单井出水量大于 500 t/d，水质较好，矿化度小于 3.0 g/L，可作为人畜饮水及灌溉草场用水(中国人民解放军〇〇九二九部队，1980)。

如图 3-6 所示，额济纳三角洲地下水埋深较浅，南部为 1.0～2.0 m，中部为 2.0～3.5 m，北部为 3.5～8.0 m(Wang et al.，2011)。由于区内地势平坦，地下水流方向与地势一致，水力坡度为 1/1000。由于含水层岩性颗粒较粗，透水性好，构成了地表水补给地下水的有利条件，在河道过水期，潜水直接受地表水补给后水位抬高。然而，年内河道断流时间较长，加之南部及中部地下水位埋深浅，在此期间相当一部分地下水被地面蒸发和植物蒸腾所消耗，其所占排泄项比例为 85.1%(徐永亮 等，2014)，因此，潜水蒸发成为该地区主要垂向排泄途径。

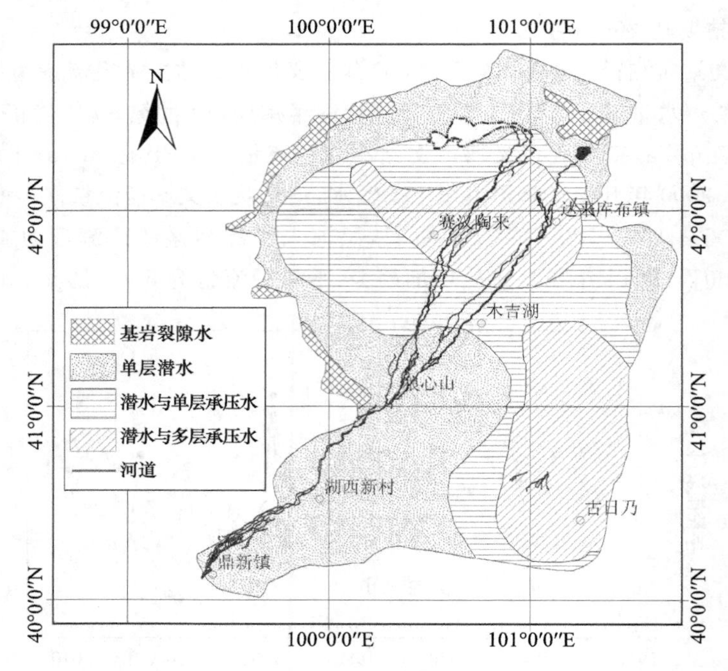

图 3-5 额济纳盆地含水层系统结构(武选民 等,2002)

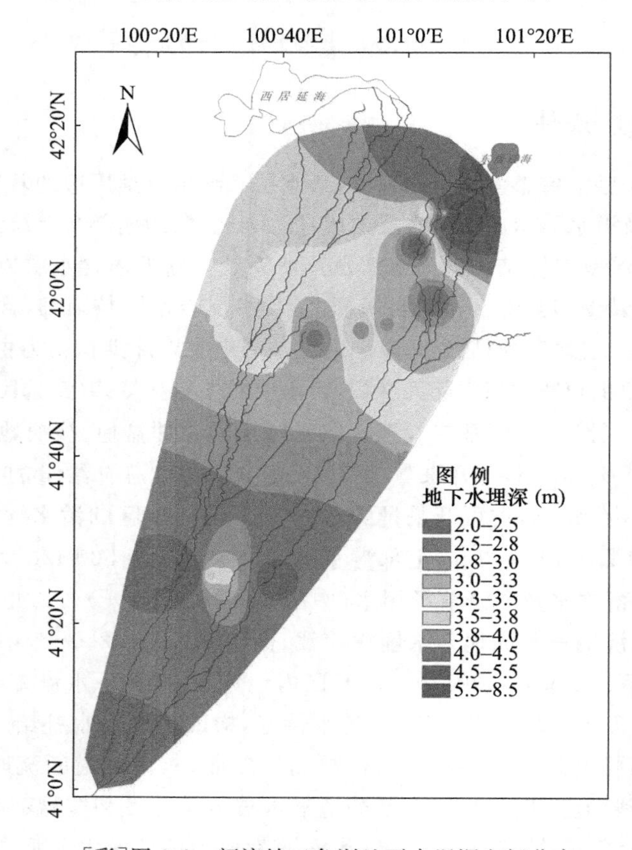

[彩]图 3-6 额济纳三角洲地下水埋深空间分布

3.1.4　植被状况

干旱、少雨的气候条件和封闭的水文地质条件造就了额济纳三角洲荒漠与绿洲的景观格局。植被稀疏、种群单一，类型上主要以旱生、超旱生、耐盐碱的荒漠植被占优势；分布格局上，绿洲主要分布于东、西河沿岸和低洼地带，面积为 2218 km^2，占三角洲面积的 27.7%（张一驰 等，2011）（图 3-7）；其中，沿河的植被主要为胡杨、柽柳、沙枣、芨芨草、苦豆子等，覆盖度为 20%～40%，最高达 70%，在绿洲外围的沙漠主要分布梭梭、白刺、沙蒿等沙生灌木和草本植物，在戈壁滩上生长着稀疏的耐旱荒漠植被，如红砂、泡泡刺、霸王和沙拐枣等（朱军涛 等，2011）。

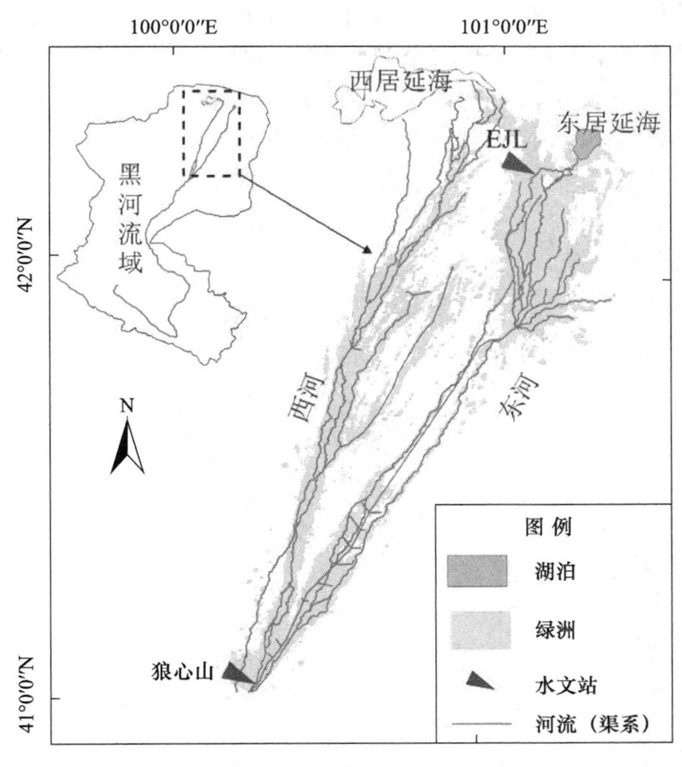

图 3-7　额济纳三角洲植被空间分布（引自闵雷雷，2013）

3.1.5　土壤分布状况

额济纳三角洲受高原干旱气候及周边山地、沙漠的影响，形成了呈水平地带性的土壤组合（席海洋 等，2011）。总体分布情况：灰棕漠土广泛分布于高平原和冲积平原上，东、中、西戈壁是典型代表段，林灌草甸土和潮土主要分布于沿河阶地和封闭洼地处，沿河两岸有部分带状风沙土，盐土和碱土主要分布于东、西居延海等湖盆地上，漠境盐土主要分布在封闭的洼地上（杨炳禄，2002）。而土壤类型主要有：沙性黏壤土、壤土、粉壤土、沙壤土、壤性沙土和沙土；其中，额济纳三角洲以沙土为主，东、西河道及居延海附近土壤类型以沙壤土及粉壤土为主（毛丽丽 等，2014）。土壤肥力综合表现为有机质含量低、氮磷含量低、钾含量有余（司建华 等，2009）。

3.2 野外试验布置

3.2.1 观测点概况

根据研究区的地形地貌和植被状况，额济纳三角洲下垫面类型为戈壁带和河岸带（主要植被分布区）；另外，由于研究团队在研究区有长期的研究工作基础，本研究选择具有典型代表的下垫面类型，即戈壁带和河岸带，作为研究对象。

河岸带包气带观测点选择布设在达来呼布镇的昂茨闸下游 10 km 处的二道河附近，即Ⅳ2点的位置。二道河周围为胡杨林重点保护区，河道每年有周期性的过水，土壤质地为细砂土，夹杂有黏土和壤土，适合开展河岸带的包气带水分观测。另外，由于团队之前开展的研究有利用地下水流场计算潜水蒸发的任务，在二道河处已布设了地下水流场观测网。因此，本研究选择二道河作为研究河岸带包气带水汽热运移的试验观测点（图 3-8）。

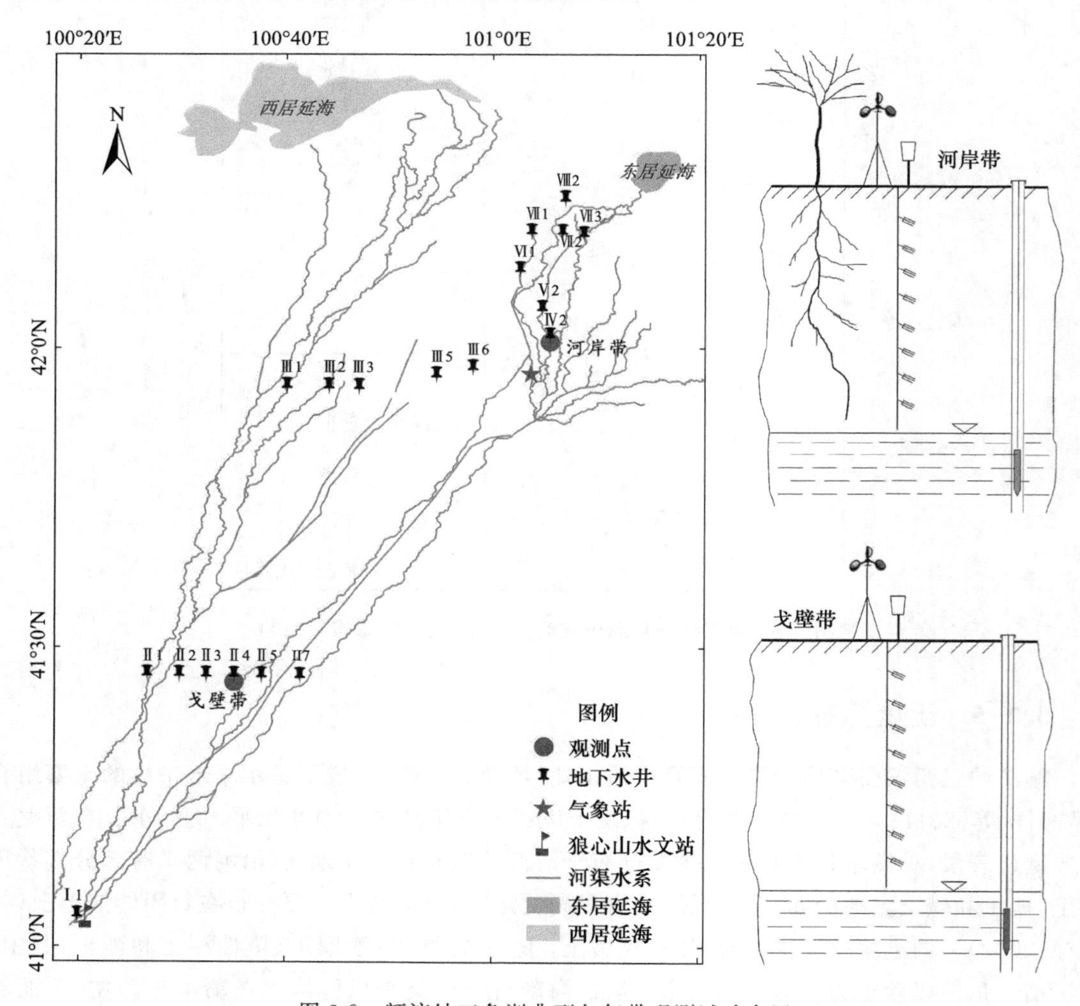

图 3-8 额济纳三角洲典型包气带观测试验布置

根据研究区的地貌和土壤类型分布，戈壁带土壤属于灰棕漠土，主要分布在东、西河中间及其河岸的外侧。根据团队前期包气带调查研究，老牧场靠近额济纳中上游，即Ⅱ4点的位置，位于东、西河中间，距离河道较远约15～20 km，地下水流场由南向北，与地形坡度一致，受河水影响较小，因此，老牧场戈壁具有很好的代表性。笔者所在研究团队前期构建地下水观测网时，沿老牧场东西方向布置了地下水观测断面，同时在两河中间的两口观测井布置了局地地下水流场观测网，因此此处是开展戈壁带包气带水分运移观测的一个理想站点(图3-8)。

3.2.2　包气带剖面调查与采样

包气带剖面调查是研究包气带水分运移的基础。根据野外试验观测点设计方案，分别在河岸带和戈壁带挖取包气带剖面(图3-9)，分析剖面岩土性状和分层状况。根据室内测定参数的实验要求，需分别使用大环刀(∅61.8 mm×40 mm，测土壤饱和水力传导度)、小环刀(∅50.46 mm×50 mm，测土壤水分特征曲线)和密封袋(土壤颗粒粒径分析)采集土样。

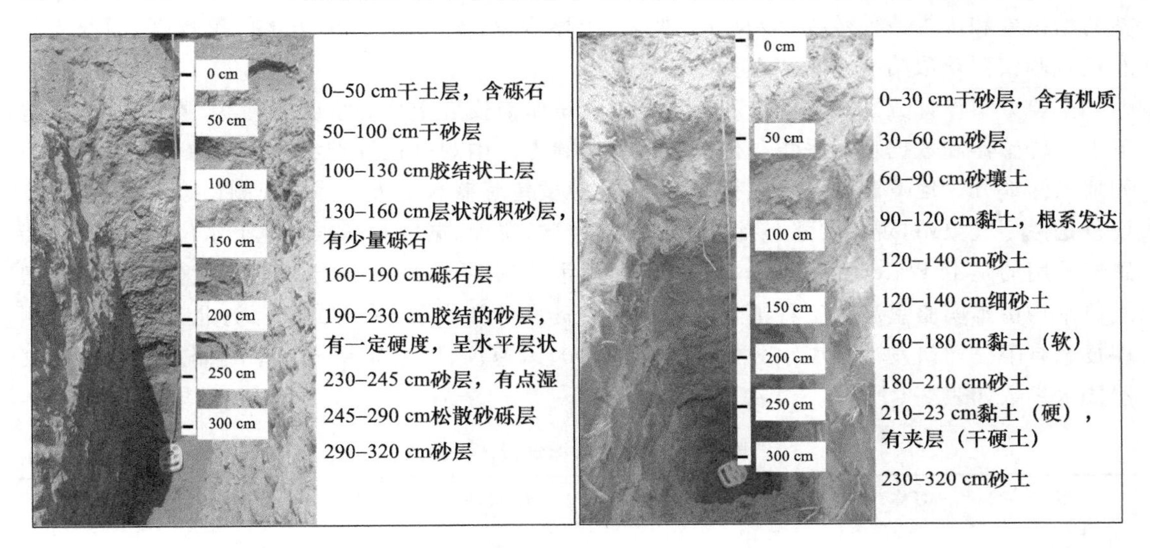

[彩]图3-9　额济纳三角洲典型包气带剖面调查

(左：戈壁带；右：河岸带)

(1)戈壁带包气带剖面调查与采样

戈壁带地下水埋深变幅为3.2～3.5 m。戈壁带包气带剖面调查发现戈壁带包气带剖面岩性和颗粒组成复杂，含有大颗粒砾石层和胶结层，开展包气带水分观测存在较大困难，因此采用回填土壤剖面作为对照剖面。

原始剖面：根据剖面的岩土性状，包气带分为9层；埋深0～50 cm的土层为干砂层，零星夹杂小砾石；埋深50～100 cm的土层为砂土层；埋深100～130 cm和190～230 cm的土层呈胶结状且硬度大；埋深200 cm处的土层为大块砂砾石；埋深230～245 cm的土层为砂层，含有一定的水分；埋深245～290 cm土层为松散的砂砾层；埋深290～320 cm的土层为砂层，土壤含水量接近饱和(图3-9)。在整个原状包气带剖面中，只有埋深290～320 cm的土层可以完成土样采集，使用大、小环刀分别平行取样，各为3个；土壤颗粒的土样采集按照包气带分层状况进行，用密封袋采集每层土样，共采集了9层土样。

对于回填土壤剖面,使用的回填土壤为原剖面开挖的土壤,经过反复掺和后回填,回填的土壤形成相对均匀的土壤剖面;为了检验回填过程中土壤压实程度,分上下两层进行取样。使用大、小环刀对上下层土壤各取3个土样,密封袋土样每层1个。

(2)河岸带包气带剖面调查与采样

河岸带的地下水埋深变幅为3.3～3.7 m。相对戈壁带包气带,河岸带的包气带组成相对简单,分层也非常明显;其组成主要为砂土层、砂壤土和黏土层,共分为10层,约以20～30 cm为间隔。分层采集土样,其中大环刀每层取3个重复土样,小环刀每层取3个重复土样,密封袋每层取1个土样(图3-9)。在河岸带包气带剖面调查过程中,发现胡杨根呈分层分布,根系主要分布在埋深0.5～2.0 m范围内,而且较粗的水平侧根主要分布于黏质砂土层或壤土中。

3.2.3 观测仪器安装

要研究包气带水-汽-气-热的传输过程,需要运用土壤水动力学模型,其所需的驱动数据包括初始条件和边界条件数据,涉及气象要素、土壤水分、土壤温度、地下水位等数据,因此需要布设观测仪器获取第一手观测数据。

实验方案设计分别在戈壁带和河岸带观测试验点安装土壤温湿度传感器、微型气象站、地下水位传感器和数据自动采集与传输装置。试验方案中观测包气带水分运动的仪器分为地下和地上两部分。地下观测设备包括地下水位/温度传感器和土壤温湿度观测传感器;地上观测设备是微型气象站,观测要素包括降水、风速、风向、温度、湿度和气压。地下水位/温度观测传感器采用的是由Waterloo Hydrogeologic公司生产的Mini-Diver。土壤温湿度传感器和微型气象站均由本实验室高级工程师刘恩民老师负责设计和安装,采用的仪器为北京联创思源测控技术有限公司研发的土壤水分传感器FDS100、风速仪、雨量筒及数据采集器。上述各种仪器技术参数如表3-1所示。

表3-1　包气带观测仪器技术参数

仪器	名称	测量项目	单位	测量范围	精度	分辨力	工作环境
地下水位/温度	Micro-diver	水位	cm	20	±0.05%	0.2	−20～80 ℃
		温度	℃	−20～80	±0.1	0.01	
土壤温湿度传感器	FDS100	水分	cm^3/cm^3	0～100%	±2%	—	−20～65 ℃
		温度	℃	−20～65	±0.1	—	
风速仪	Davis 7911	风速	m/s	1.5～79	±5%	0.1	−20～80 ℃
		风向	度	0～360	±7	1	
雨量计	Davis 7852M	降水	mm	≤8 mm/min	±4%	0.2	−20～80 ℃

研究团队已在额济纳三角洲构建起了地下水观测网,已安装地下水位/温度传感器,长期观测并维护设备,已积累5年的地下水数据。本研究中的包气带水-汽-气-热传输模型和地下水波动法均采用经过团队修正处理后的地下水观测数据。

(1)戈壁带包气带观测设备安装

由于戈壁带的包气带剖面组成和分层比较复杂,布设土壤温度传感器比较困难,选择宜观测的土层进行布设传感器，从上至下沿包气带剖面共布设 6 个传感器，其埋深分别为 20 cm、150 cm、210 cm、265 cm、300 cm、320 cm（图 3-10）。

［彩］图 3-10　戈壁包气带水分运动观测

（左：土壤温湿度；右：自动气象站）

如前述，本研究采用回填土剖面作为对照剖面，为了与原始剖面观测数据对照，遵照原始剖面传感器埋深，从上至下面沿回填土剖面安装 6 个传感器。

（2）河岸带包气带观测设备安装

根据河岸带包气带调查结果，河岸带约以 20～30 cm 为间隔，共分层布设了 12 个土壤温湿度传感器，其传感器埋深分别为 20 cm、50 cm、80 cm、95 cm、115 cm、140 cm、165 cm、178 cm、200 cm、220 cm、260 cm、320 cm（图 3-11）。

［彩］图 3-11　河岸包气带水分运动观测

（左：土壤温湿度；右：自动气象站）

(3)微型自动气象站布设安装

在戈壁带和河岸带两个观测试验点,分别安装了微型自动气象站;主要观测降水、气温、气压、相对湿度、风速、风向等气象要素。

土壤温湿度观测设备和气象要素观测设备均自动采集数据,土壤温湿度采集频率为1次/h,气象数据采集频率1次/5 min,这些数据均通过GPRS网远程传输到办公室服务器上,可实时查询下载数据和观察设备运行状态。

3.3 室内实验

3.3.1 土壤颗粒分析

为了获得土壤的颗粒组成、质地分类和土壤属性参数等,需要做土壤颗粒分析试验。本研究采用美国农业部的土壤颗粒分级标准进行土壤颗粒分析(图3-12)。

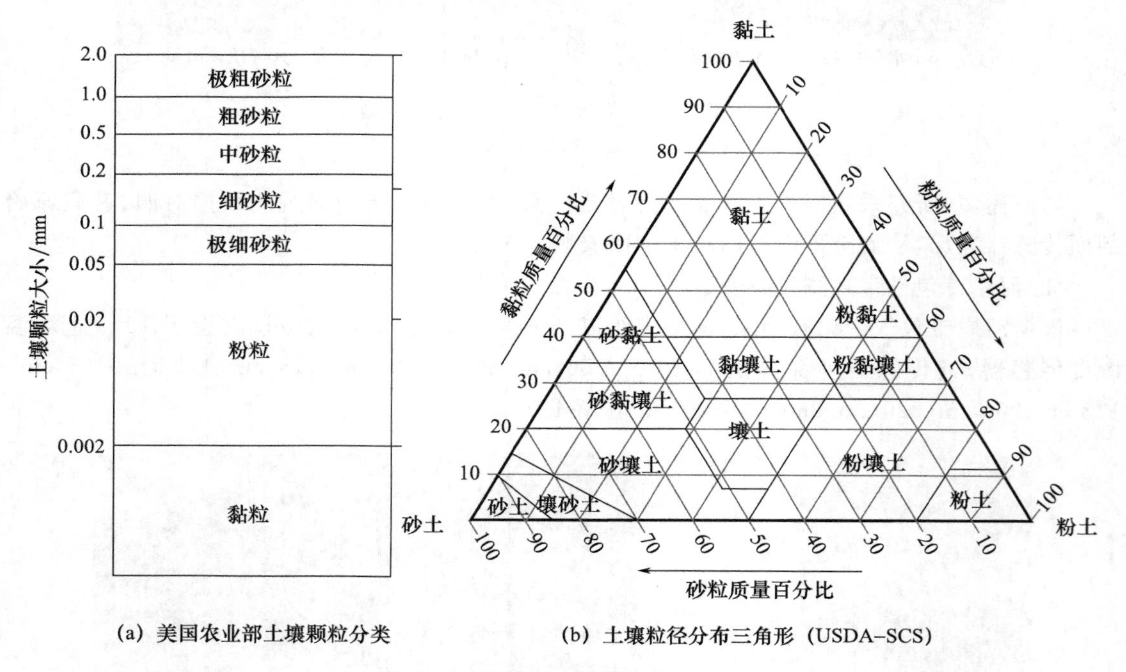

(a) 美国农业部土壤颗粒分类

(b) 土壤粒径分布三角形 (USDA-SCS)

图3-12 美国农业部土壤分级标准

对于土壤颗粒分析,采用筛析法和激光粒度法;对于颗粒粒径大于2.0 mm的土样使用筛析法进行分析,仪器为机械振筛,共19个土样;颗粒粒径小于2.0 mm的土样采用激光粒度法进行分析,仪器为激光粒度仪,共3个土样。

戈壁带原位包气带剖面共分9层,共有9个颗粒分析土样。其中埋深100~130 cm土层的土样颗粒粒径小于2.0 mm,采用激光粒度仪测定其颗粒组成。根据如图3-12所示的粒径分布三角形判断表明:埋深100~130 cm土层的土壤类型为粉质壤土,其他8层土壤类型均为砂土(表3-2)。

戈壁带回填包气带剖面共分 2 层，采用筛析法分析其土壤颗粒组成。分析结果表明：回填土壤剖面的土壤类型为砂土（表 3-2）。

表 3-2　额济纳三角洲典型包气带土壤颗粒分析

包气带剖面	土层埋深/cm	砂粒/%	粉粒/%	黏粒/%	土壤类型
戈壁带包气带剖面	0～50	98.95	1.05	0.00	粗砂
	50～100	100.00	0.00	0.00	砂土
	100～130	19.64	79.85	0.51	黏土
	130～160	99.23	0.77	0.00	砂土
	160～190	99.14	0.86	0.00	粗砂
	190～230	99.20	0.80	0.00	细砂
	230～245	99.10	0.90	0.00	粗砂
	245～290	99.38	0.62	0.00	粗砂
	290～320	99.51	0.49	0.00	粗砂
戈壁带回填剖面	0～150	97.85	2.15	0.00	砂土
	150～320	97.76	2.24	0.00	砂土
河岸带包气带剖面	0～30	88.23	11.76	0.01	壤质细砂
	30～60	93.68	6.32	0.00	细砂
	60～90	92.36	7.64	0.00	细砂
	90～120	48.55	50.82	0.62	砂黏土
	120～140	95.29	4.71	0.00	细砂
	140～160	95.26	4.74	0.00	细砂
	160～180	84.31	15.68	0.01	壤土
	180～210	95.06	4.94	0.00	砂土
	210～230	35.32	64.55	0.13	黏土
	230～320	99.88	0.12	0.00	细砂

河岸带包气带剖面分为 12 层。由于埋深 90～120 cm 和 210～230 cm 土壤颗粒粒径小于 2.0 mm，采用激光粒度仪测定颗粒组成。根据粒径分类和粒径分布三角形分析表明：埋深 90～120 cm 和 210～230 cm 的土壤类型为粉质壤土，埋深 0～30 cm 土层的土壤类型属于壤质砂土，其他层的土壤类型均属于砂土（表 3-2）。

本书第 4 章要采用 Hydrus-1d 软件对戈壁带和河岸带包气带水热传输过程进行模拟，Hydrus-1d 内置的土壤水热传输模型（Saito 模型）采用的水分特征曲线经验公式为 van Genuchten-Mualem 公式[详见公式（3-7）]，该模型需要提供水分特征曲线参数 θ_r，θ_s，α 和 n。Hydrus 软件内置了土壤颗粒组成数据库和神经网络算法，使用者可以根据颗粒组成计算参数 θ_r，θ_s，α 和 n，作为模型输入。可根据 Hydrus 软件提供的工具获得上述参数值，如表 3-3 所列。

表 3-3 利用神经网络算法计算的水分运动参数

包气带剖面	土层埋深/ cm	θ_r/ (cm³/cm³)	θ_s/ (cm³/cm³)	α	n	K_s/ (cm/d)
戈壁带原始剖面	0～50	0.0499	0.3781	0.0352	4.2303	1265.46
	50～100	0.0507	0.3760	0.0344	4.4248	1428.50
	100～130	0.0367	0.5136	0.0066	1.6967	95.18
	130～160	0.0501	0.3776	0.0350	4.2810	1307.72
	160～190	0.0501	0.3778	0.0350	4.2646	1294.04
	190～230	0.0501	0.3777	0.0350	4.2755	1303.15
	230～245	0.0500	0.3779	0.0351	4.2574	1287.98
	245～290	0.0504	0.3771	0.0347	4.3324	1350.87
	290～320	0.0510	0.3375	0.0310	4.2802	1144.97
戈壁带回填剖面	0～150	0.0488	0.3277	0.0325	3.9072	846.08
	150～320	0.0487	0.3277	0.0326	3.8927	835.76
河岸带包气带剖面	0～30	0.0413	0.4303	0.0452	2.2650	492.68
	30～60	0.0476	0.3921	0.0360	3.4049	776.29
	60～90	0.0461	0.3921	0.0373	3.1721	659.63
	90～120	0.0278	0.3437	0.0176	1.4497	61.40
	120～140	0.0493	0.4277	0.0375	3.3515	1031.88
	140～160	0.0495	0.4073	0.0354	3.5868	991.82
	160～180	0.0380	0.3919	0.0451	2.1260	268.32
	180～210	0.0491	0.3877	0.0345	3.6847	900.63
	210～230	0.0307	0.3448	0.0103	1.5398	64.69
	230～320	0.0550	0.4018	0.0309	4.6258	1606.77

3.3.2 土壤饱和水力传导度测定

土壤饱和水力传导度表征土壤水分在孔隙中的渗透性，是指在单位水头差作用下，单位断面面积上流过的水流通量。它是土壤基质势或含水量的函数。饱和土壤孔隙中充满了水，水力传导度达到最大值，且为常数。在非饱和土壤中，因土壤孔隙中部分充气，导水孔隙相应减少，水力传导度小于饱和水力传导度。虽然水力传导度是土壤基质势或者含水量的函数，但是对于不同结构土壤，饱和与非饱和土壤导水性能的相对关系是不同的。饱和导水性能最好的土壤类型是粗粒砂性土壤，导水最差的土壤类型是细质黏土，但非饱和土壤在较大负压情况下则可能相反。而非饱和水力传导度在实际中测定非常昂贵且难以获取，因此，根据饱和水力传导度，运用非饱和水力传导度经验公式或者模型计算非饱和水力传导度。

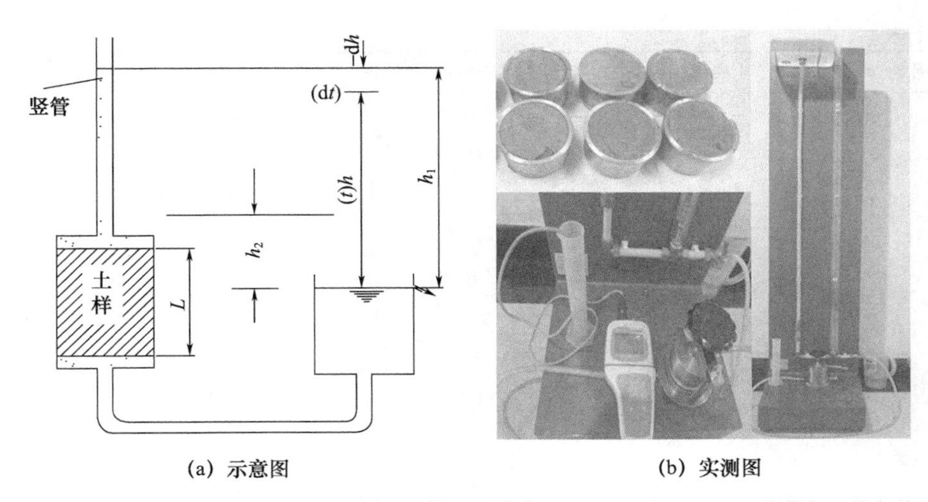

［彩］图 3-13　变水头测定饱和渗透率仪

首先要用实验手段获得饱和水力传导度。采用变水头法测定饱和水力传导度。如图 3-13 所示，装置右侧装有刻度的细玻璃管，可观测试验过程中水位变化，其横断面积为 a。设定在某一时刻 t 的水头为 h_1，当经过时间 $\mathrm{d}t$，水头下降（$-\mathrm{d}h$，负号表示水头 h 随时间 t 的增加而减小），则在时间 $\mathrm{d}t$ 内从竖管流过的水量为 $\mathrm{d}V=-a\mathrm{d}h$。由于在同一时间内流经土样的水量和竖管的水量相等，根据达西定律，有：

$$-a\mathrm{d}h=KA\frac{h}{L}\mathrm{d}t \tag{3-1}$$

如果开始观测时（$t=t_1$）的水头为 h_1，停止观测时（$t=t_2$）的水头为 h_2，则分离变数 h 和 t，对这个方程两边积分：

$$\int_{h_1}^{h_2}\frac{\mathrm{d}h}{h}=-\frac{K}{L}\cdot\frac{A}{a}\int_{t_1}^{t_2}\mathrm{d}t \tag{3-2}$$

得到

$$\ln\frac{h_1}{h_2}=\frac{K}{L}\cdot\frac{A}{a}(t_2-t_1)(t=t_1) \tag{3-3}$$

取 $t_1=0$，$t_2=t$，同时将上式改为常数对数，可得：

$$K=2.3\frac{aL}{At}\lg\frac{h_1}{h_2} \tag{3-4}$$

式中，A，L，a 均确定已知，试验过程中仅需测开始观测水头 h_1 和停止观测时的水头和 h_2。

本实验采用西安理工学院水资源研究所研制的土壤饱和渗透率测定装置（BS-STXS11-1），共测定土样 35 个，测定结果见表 3-4。

表 3-4　土壤饱和水力传导度测定结果

包气带剖面	土层埋深/cm	平行样 1/(cm/d)	平行样 2/(cm/d)	平行样 3/(cm/d)
戈壁带原始剖面	290～320	1120.5	1136.1	1102.1
戈壁带回填剖面	0～150	517.5	370.1	—
	150～320	514.3	390.9	—

续表

包气带剖面	土层埋深/cm	平行样 1/(cm/d)	平行样 2/(cm/d)	平行样 3/(cm/d)
河岸带包气带剖面	0～30	644.2	682.8	—
	30～60	1310.3	1633.0	992.4
	60～90	—	1309.1	1238.4
	90～120	81.5	131.7	109.2
	120～140	748.0	854.6	804.2
	140～160	821.5	859.1	797.4
	160～180	434.7	447.6	426.1
	180～210	1339.3	1428.6	1295.2
	210～230	23.0	25.4	21.5
	230～320	682.9	702.9	628.8

注:“—”表示因土样破坏造成数据缺失。

3.3.3 土壤水分特征曲线测定

土壤水的基质势常以负压表示,是土壤含水量的函数。土壤水基质势和含水量之间的关系曲线称为土壤水分特征曲线。该曲线反映了土壤水的能量与数量关系。由于土壤负压与含水量之间的关系至今尚不能从理论上得出,因而该曲线常用试验方法测定。另外,由于研究区包气带土壤含水量小,使用负压计测定土壤水势,不易安装和长时间维护,但是土壤的水势是水分传输模型中的重要变量,那么需要通过室内测得水分特征曲线,利用这一关系曲线将实测的土壤含水量转换为相应的水势。

室内土壤水分特征曲线有张力计法、压力膜法、砂芯漏斗法、平衡水汽法和离心机法(邵明安 等,2006)。本研究采用离心机法,仪器为中国科学院陆地水循环及地表过程重点实验室的离心机(CR21 gIII),共测试了 25 个土样,其中河岸带包气带剖有 20 个土样,戈壁带原始剖面 2 个土样,回填剖面 3 个土样。戈壁带、河岸带包气带各层土壤水分特征曲线分别如图 3-14 和图 3-15 所示。

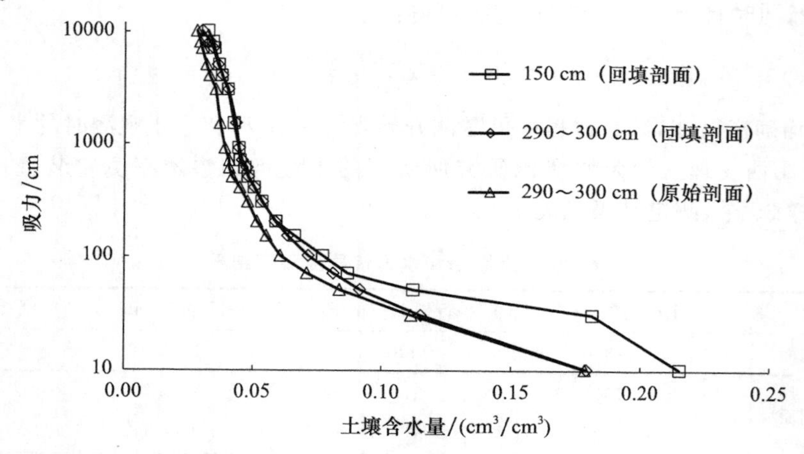

图 3-14　戈壁包气带土壤水分特征曲线

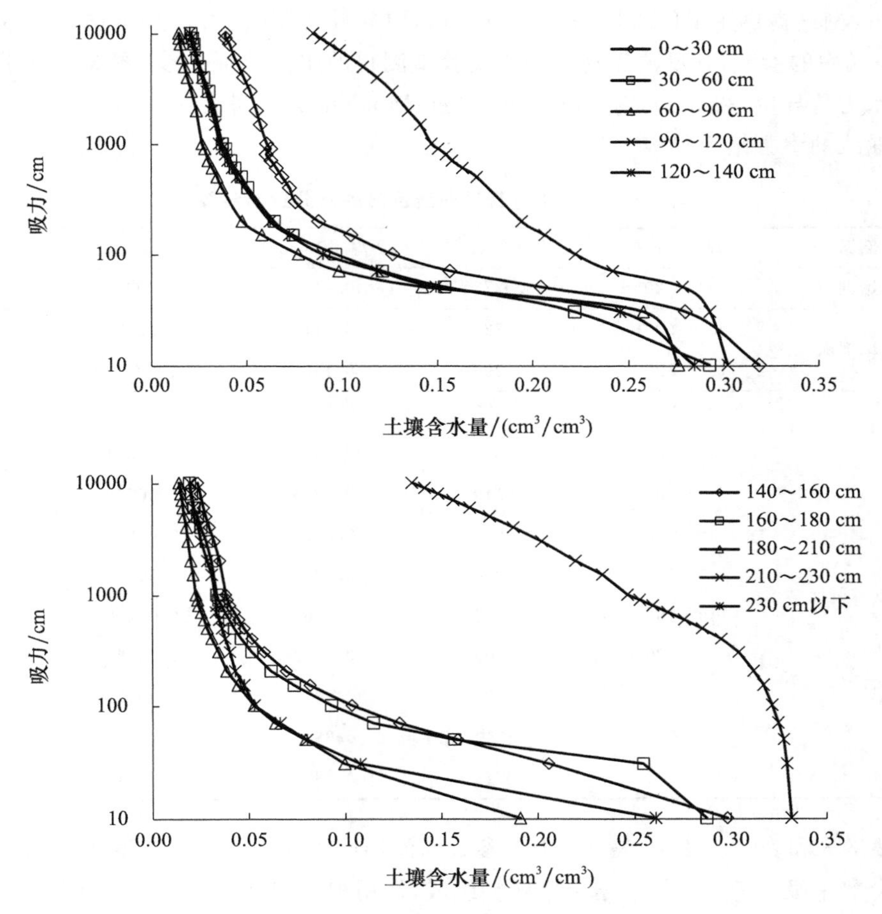

图 3-15　河岸包气带土壤水分特征曲线

包气带水热运移模型需要水分特征曲线参数作为模型输入和调参依据，这些水分特征曲线参数除了用人工神经网络法计算获取，也可以根据实测的水分特征曲线，利用模型进行参数反演，这种做法其物理基础更为清晰。目前常用的水分特征曲线拟合模型主要是由 Gardner 等(1970)、van Genuchten(1980)和 Mualem(1976)提出的经验公式：

Gardner 等(1970)经验公式为：

$$h = a\theta^{-b} \tag{3-5}$$

式中，θ 为土壤含水量(cm^3/cm^3)，h 为负压水头(cm)，均由试验测定；a，b 为经验常数，由拟合得到。

van Genuchten-Mualem 土壤水分特征曲线函数关系为：

$$S_e = \frac{\theta - \theta_r}{\theta_s - \theta_r} = \left[\frac{1}{1 + (\alpha h)^n}\right]^m, m = 1 - \frac{1}{n}, 0 < m < 1 \tag{3-6}$$

$$\frac{K(S_e)}{K_s} = S_e^{1/2}\left[\int_0^{S_e} 1/\varphi \mathrm{d}S_e \Big/ \int_0^1 1/\varphi \mathrm{d}S_e\right]^2 \tag{3-7}$$

式中，θ_r为残余含水量(cm^3/cm^3)；θ_s为饱和含水量(cm^3/cm^3)；θ 为计算时段土壤含水量(cm^3/cm^3)；m，n，α 为经验系数，均需根据试验数据拟合求得。

Hydrus 网站提供了 RETC(RETention Curve)软件，该软件可用来反演 van Genuchten-Mualem 公式中的参数，其反演原理是利用实验室测得的水分特征曲线(图 3-14 和图 3-15)和土壤饱和水力传导度(表 3-4)，对 van Genuchten-Mualem 公式进行优化拟合。拟合得到土壤水分特征曲线的参数结果见表 3-5。

表 3-5　利用水分特征曲线反演的水分运动参数

包气带剖面	埋深/cm	$\theta_r/(cm^3/cm^3)$	$\theta_s/(cm^3/cm^3)$	α	n
戈壁带原始剖面	290～320	0.0278	0.2113	0.00347	1.5193
戈壁带回填剖面	0～150	0.0321	0.2171	0.00157	1.6504
	150～320	0.0299	0.1951	0.00262	1.4397
河岸带包气带剖面	0～30	0.0399	0.3293	0.00157	1.9894
	30～60	0.0209	0.2972	0.00221	1.7992
	60～90	0.0143	0.0338	0.00002	2.5204
	90～120	0.0826	0.3098	0.00027	1.4720
	120～140	0.0202	0.2918	0.00190	1.9786
	140～160	0.0212	0.3165	0.00200	1.9242
	160～180	0.0205	0.2967	0.00181	1.9257
	180～210	0.0822	0.3026	0.00480	1.3601
	210～230	0.1340	0.3343	0.00002	2.5607
	230～320	0.0218	0.2879	0.00445	1.6961

比较表 3-3 和表 3-5 发现，表 3-5 中各参数的值均比表 3-3 中参数值要小，特别是 α 值，二者相差一个数量级。表 3-3 是根据土壤颗粒组成，运用神经网络方法计算得到的，该方法缺乏土壤水分与能量之间的物理关系，而它的物理基础就是土壤颗粒组成，利用土壤水分特征曲线与土壤类型之间的关系获得参数，但这是解决无实测土壤水分特征曲线下获得参数的有效办法。例如，戈壁带原始剖面颗粒组成复杂，无法用环刀取土样，也无法实验测定土壤水分特征曲线，利用神经网络法就可以获得模型参数，进一步运行模型并调参获得模拟结果。而表 3-5 中的参数是利用实测的土壤水分特征曲线数据和水分特征曲线模型反演得到的，该方法具有物理基础，其结果对调参具有更高的参考价值；但是该方法获得的参数值和前者一样，均作为模型参数输入和调参的参考，需要模型的率定和调参后才能模拟计算。

3.3.4　土壤传感器标定

试验观测土壤温湿度所使用的传感器是 FDS100 土壤水分传感器。该传感器是由北京联创思源科技有限公司基于介电理论和运用频域测量技术自主研制开发的(图 3-16)。FDS100 土壤水分传感器能够精确测量土壤和其他多孔介质的体积含水量，可实现土壤水分长期动态连续监测。FDS100 的主要性能和特点：

(1)精度高，个体离散差异小，响应速度快(<1 s)；

(2)电流输出在长缆线(5 m)传输时没有信号衰减；

(3)传感器体积小，埋设过程对土壤扰动小；

(4)环氧树脂纯胶体封装，密封性好，耐腐蚀，环境适应性强，防水防潮(IP68)；

(5)探针为不锈钢材质，结构设计合理，使用寿命长；

(6)超低温耐受力，常规到－20 ℃。

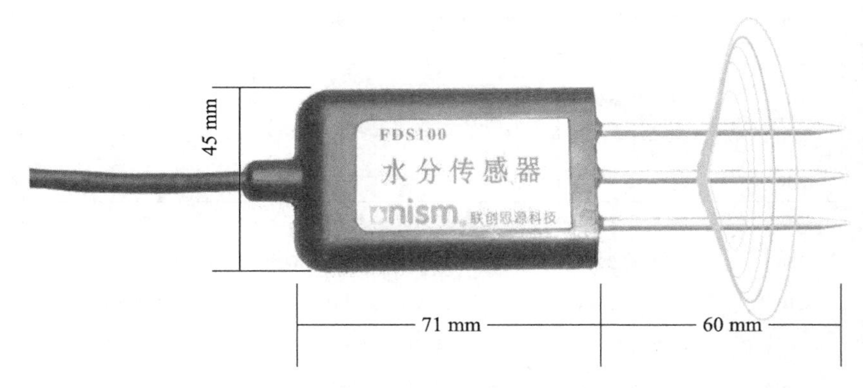

图 3-16　土壤水分传感器

由于土壤含水量的测定受土壤质地、物理化学属性等多种因素影响，土壤水分传感器在出厂时设定的水分参数大多符合实际中实测包气带岩土特性。由于研究区为极端干旱区，包气带土壤组成较为复杂，土壤含水量很低，为了能捕捉到土壤含水量的低值变化，需对测量包气带每层土壤水分传感器逐个进行标定。

标定土壤水分传感器测量水分含量的标准值为烘干法测得的土壤含水量。标定土壤水分传感器实验在中国科学院陆地水循环及地表过程重点实验室进行。所需的试验材料包括：烤箱、土壤水分传感器、电压表、土样、测土圆筒容器(自制)、电子天平、毛刷、蒸馏水、纸、笔、计算器等。其步骤如下：

(1)根据环刀测得的土样容重，将密封袋土样装入测土圆筒容器，使用传感器和电压表测定现场采集时的电压值，使用烘干法获得相应的土壤含水量。

(2)根据土壤的饱和含水量和原位含水量值，设定土壤含水量传感器标定范围；并根据不同分段设定测量密度，体积含水量为 0～5％范围，以 0.5％为间隔，5％～10％范围以 1.0％为间隔，＞10％范围以 5％为间隔；根据土壤容重换算出不同体积含水量对应的重量含水量。

(3)根据设定的测量范围，向烘干的土样中加入预算水量，然后将加入水的土样搅拌均匀；将土样装入测土圆筒容器，使之达到干土状态时的体积；称量土样总重量，减去土样烘干时的重量，得到真实的土壤重量含水量。

(4)使用土壤水分传感器和电压表测量当前含水量的土壤电压值，并记录数据。

(5)根据步骤(2)确定的土壤含水量标定范围，依次向土样中加水，重复步骤(3)—(4)，测得不同土壤含水量及其对应的电压值，并记录数据。

(6)土壤烘干后，土壤含水量为 0，测定此时的电压值，与实验开始时土壤含水量为 0 的电压值作对比，用以控制实验过程操作造成的误差。

各剖面标定传感器的公式如表 3-6 和表 3-7 所示，运用标定公式将获得土壤含水量观测值，与烘干法测定值作比较，戈壁带原始剖面的标定值与实际值相差较大，而回填剖面与实测值较吻合，选择回填剖面的数据进行计算分析。

表 3-6　戈壁带包气带各层水分传感器标定结果

包气带剖面	埋深/cm	标定公式	判定系数
原始剖面	20	$y=-2.926\times10^{-9}x^3+7.226\times10^{-6}x^2+8.254\times10^{-4}x-0.0261$	$R^2=0.9968$
	150	$y=6.598\times10^{-6}x^2-7.307\times10^{-4}x-4.384\times10^{-5}$	$R^2=0.9998$
	210	$y=-6.390\times10^{-8}x^3+4.954\times10^{-5}x^2-6.988\times10^{-3}x+0.0204$	$R^2=0.9981$
	265	$y=-1.349\times10^{-8}x^3+8.371\times10^{-6}x^2+3.080\times10^{-3}x-0.0508$	$R^2=0.9955$
	300	$y=-1.987\times10^{-8}x^3+1.757\times10^{-5}x^2+6.597\times10^{-5}x-0.0223$	$R^2=0.9980$
	320	$y=-1.987\times10^{-8}x^3+1.757\times10^{-5}x^2+6.597\times10^{-5}x-0.0223$	$R^2=0.9980$
回填剖面	20	$y=1.522\times10^{-9}x^3+8.824\times10^{-8}x^2+2.002\times10^{-3}x-0.0264$	$R^2=0.99926$
	150	$y=1.522\times10^{-9}x^3+8.824\times10^{-8}x^2+2.002\times10^{-3}x-0.0264$	$R^2=0.99926$
	210	$y=1.522\times10^{-9}x^3+8.824\times10^{-8}x^2+2.002\times10^{-3}x-0.0264$	$R^2=0.99927$
	265	$y=1.522\times10^{-9}x^3+8.824\times10^{-8}x^2+2.002\times10^{-3}x-0.0264$	$R^2=0.99928$
	300	$y=1.522\times10^{-9}x^3+8.824\times10^{-8}x^2+2.002\times10^{-3}x-0.0264$	$R^2=0.99929$
	320	$y=1.522\times10^{-9}x^3+8.824\times10^{-8}x^2+2.002\times10^{-3}x-0.0264$	$R^2=0.99930$

注：x 为传感器测得的电压值，y 为体积含水量。

表 3-7　河岸带包气带各层水分传感器标定结果

埋深/cm	标定公式	判定系数
20	$y=4.676\times10^{-9}x^3-5.284\times10^{-6}x^2+2.764\times10^{-3}x-0.0237$	$R^2=0.9992$
50	$y=2.864\times10^{-9}x^3-4.394\times10^{-6}x^2+2.952\times10^{-3}x-0.0230$	$R^2=0.9966$
80	$y=-3.306\times10^{-9}x^3+5.569\times10^{-6}x^2-5.419\times10^{-5}x-0.0054$	$R^2=0.9978$
95	$y=4.336\times10^{-9}x^3-3.957\times10^{-6}x^2+2.897\times10^{-3}x-0.0341$	$R^2=0.9995$
115	$y=2.297\times10^{-9}x^3-1.975\times10^{-6}x^2+2.263\times10^{-3}x-0.0300$	$R^2=0.9990$
140	$y=4.225\times10^{-9}x^3+8.027\times10^{-7}x^2+2.103\times10^{-3}x-0.0210$	$R^2=0.9978$
165	$y=3.439\times10^{-9}x^3-4.434\times10^{-6}x^2+2.345\times10^{-3}x-0.0257$	$R^2=0.9997$
178	$y=5.931\times10^{-10}x^3+1.824\times10^{-6}x^2+5.643\times10^{-4}x-0.0661$	$R^2=0.9991$
200	$y=-2.284\times10^{-9}x^3+6.108\times10^{-6}x^2+6.997\times10^{-4}x-0.0156$	$R^2=0.9994$
220	$y=3.562\times10^{-9}x^3-2.138\times10^{-6}x^2+2.185\times10^{-3}x-0.0234$	$R^2=0.9998$
260	$y=-3.982\times10^{-9}x^3+3.269\times10^{-6}x^2+4.342\times10^{-3}x-0.0509$	$R^2=0.9997$
320	$y=-3.674\times10^{-9}x^3+7.564\times10^{-6}x^2+4.415\times10^{-4}x-0.0118$	$R^2=0.9994$

注：x 为传感器测得的电压值，y 为体积含水量。

理想情况下，土壤含水量与对应的电压值应呈良好的线性关系。但是从实际标定的结果来看，以戈壁带回填剖面为例，土壤含水量与电压之间不是线性关系而是曲线关系，如图 3-17 所示。如果不考虑曲线的两端（即土壤含水量的低值和高值部分），土壤含水量和电压值呈近似的线性关系；由于研究区为极端干旱区，更多关注土壤含水量的低值部分，因此标定传感器选择多项式拟合线，这样能较准确测得土壤含水量低值。图 3-17 的多项式拟合方程在表 3-7 中，直线拟合方程为：

$$\theta=0.03063\times V-5.03204 \quad (R^2=0.9877) \tag{3-8}$$

式中，V 为电压(mV)；θ 土壤体积含水量(cm^3/cm^3)。多项式拟合曲线与观测值之间的相对误差为±1.6%，小于 FDS100 的误差范围±2%；直线拟合线与观测值之间的相对误差为±5.8%，大于 FDS100 的误差范围，说明选择曲线多项式能较准确测得土壤含水量。

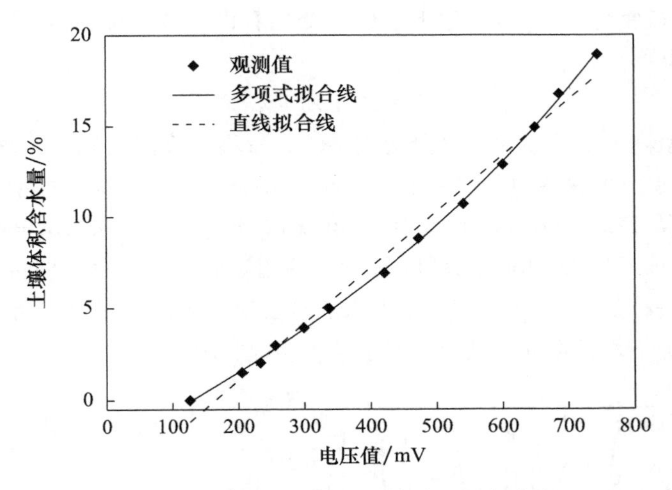

图 3-17　戈壁带回填剖面传感器标定曲线

图 3-18 为戈壁带回填剖面的观测值与烘干法测量值的比较。观测值是利用上述标定后的曲线和观测的电压值计算得到的土壤含水量，烘干法测量值是用土钻现场取土样，用烘干法测得土壤真实含水量，将取土时刻的观测值与烘干测量值相比，二者的相对误差为 4.5%。因此，经过标定后的传感器观测得到的土壤含水量具有较高的可信度。

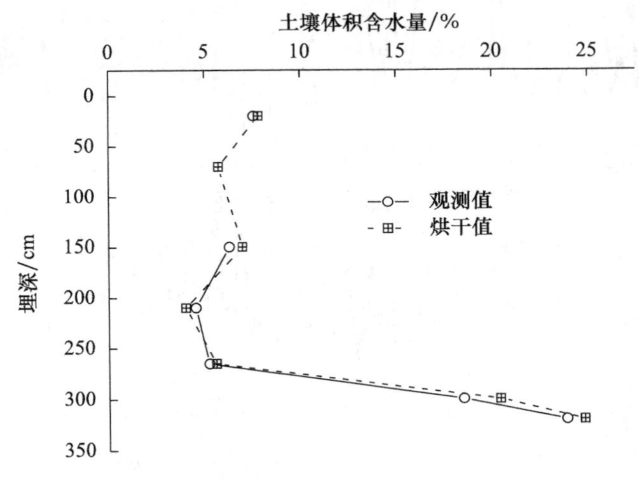

图 3-18　戈壁带回填剖面水分观测值与烘干值

3.4　地下水数据处理与分析

包气带水分运动观测仪器启动后(2013 年 7 月 15 日)，地下水位/温度进行同步观测，观测频率为 1 次/30 min。额济纳三角洲气象条件恶劣，仪器在极端环境中易发生故障，导致观测数据序列出现不连续和缺失的状况。戈壁带地下水数据序列分成两段:2014 年 4 月 24 日—7 月 31 日和 2015 年 4 月 21 日—8 月 15 日,基本覆盖了生长旺季(5—7 月)时段。河岸带地下水序列连续性较好,时段为:2013 年 7 月 24 日—2015 年 3 月 18 日。

根据地下水动态变化特征,可将地下水位的变化看作季节水位、日水位及误差项(噪声)的叠加之和,可表示为:

$$Z_g = Z_s + Z_d + Z_r \tag{3-9}$$

式中,Z_g为地下水埋深(cm);Z_s为季节地下水埋深(cm);Z_d为日波动地下水埋深(cm);Z_r为残余项。式(3-9)中地下水位埋深各项分解采用 Bayesian seasonal adjustment 模型(Akaike,1980)进行处理,模型算法可从 IMSL Fortran 数字图书馆获取(http://www. roguewave. com/products-services/imsl-numerical-libraies/fortran -libraries)。使用该模型软件对戈壁带和河岸带的地下水埋深小时数据序列进行处理,为了能看出地下水的日波动变化,均选取戈壁带和河岸带 2014 年 6 月 1—15 日时段的地下水数据处理结果进行示意说明(图 3-19 和图 3-20)。

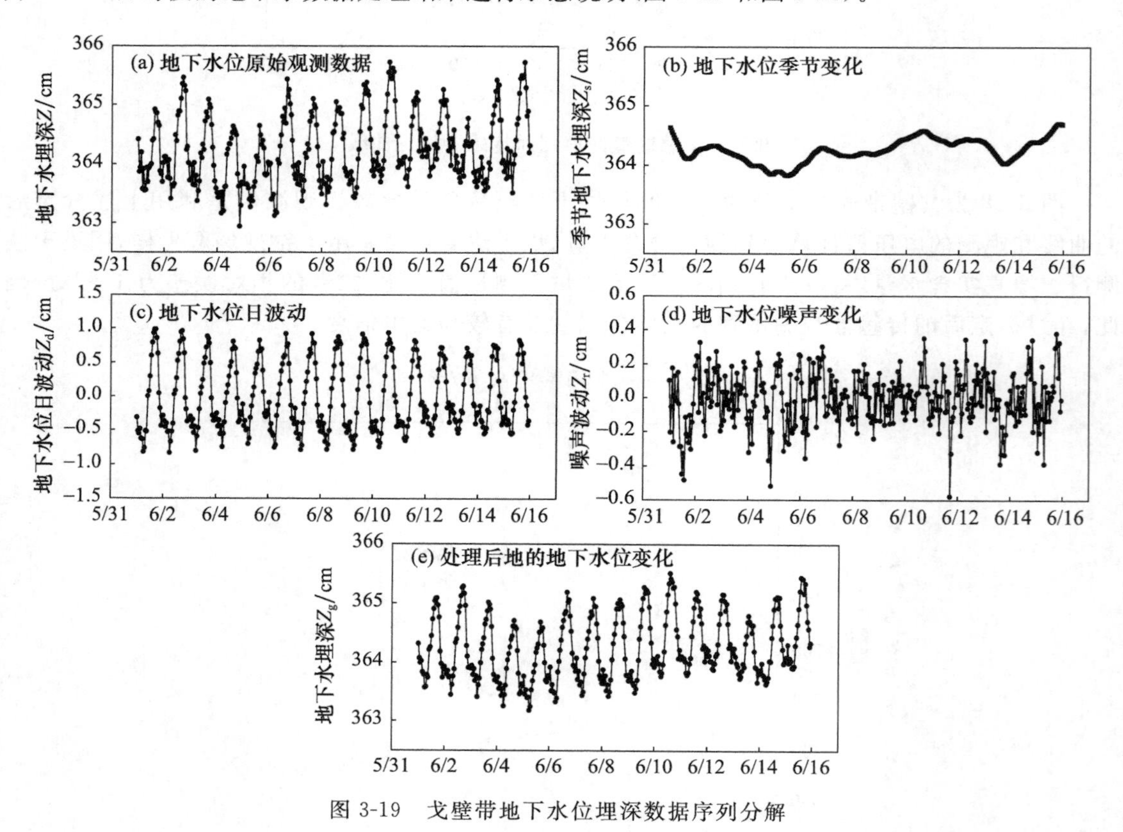

图 3-19　戈壁带地下水位埋深数据序列分解

分别比较图 3-19a 和图 3-19e、图 3-20a 和图 3-20e,去噪后的戈壁带和河岸带地下水位波动呈现出更清晰地日波动特征,与图 1-1 的地下水位波动形状具有相似的变化特征。另外,从图 3-19c 和图 3-20c 看出,戈壁带和河岸带的地下水日波动表现为白天地下水位埋深增大,晚上地下水埋深减小,说明在研究区白天蒸发是地下水变化主要因素,而晚上地下水的侧向补给是地下水变化的主要因素。以上比较说明戈壁带和河岸带的地下水位波动符合 White 方法中关于蒸发是地下水位昼夜波动的主要因素的假设。

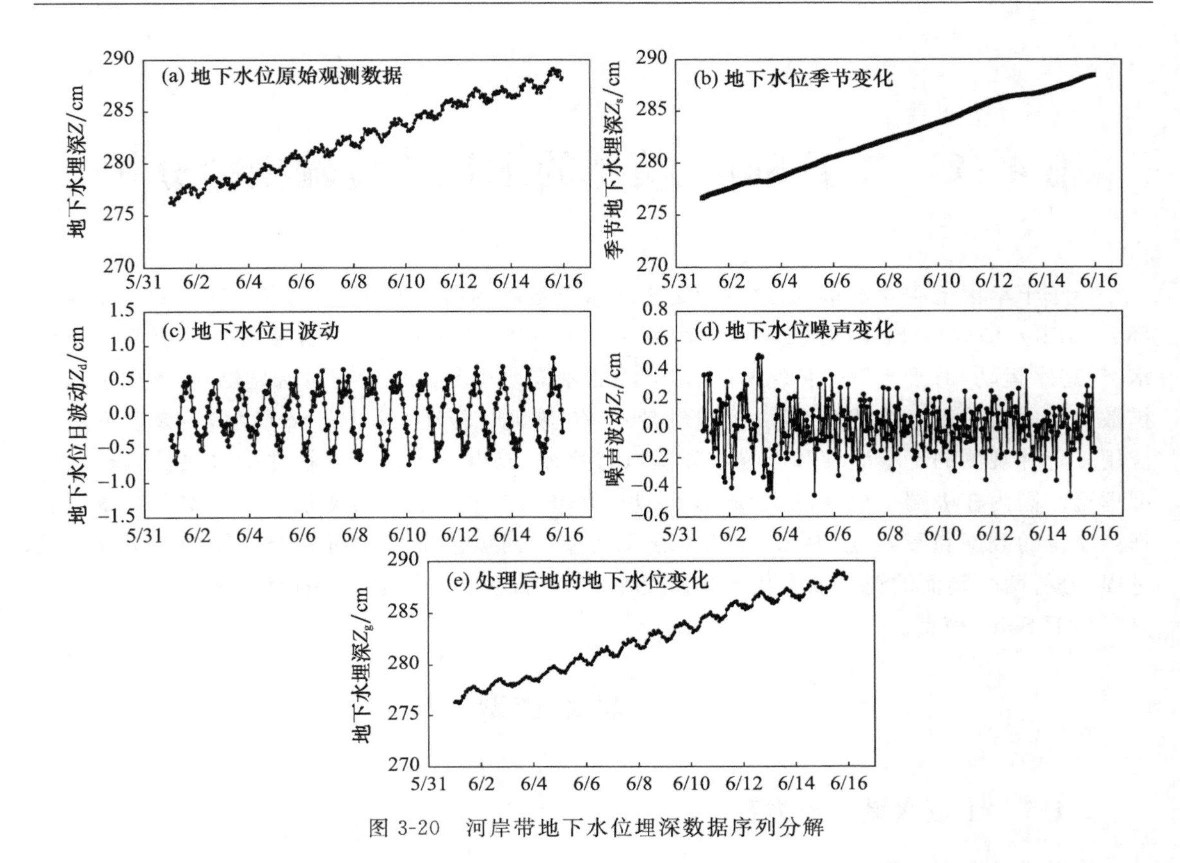

图 3-20　河岸带地下水位埋深数据序列分解

比较图 3-19b 和图 3-20b 可知，戈壁带季节性地下水位波动微弱，水位埋深在 363～365 cm 之间变化；而 2014 年 6 月 1—15 日期间河岸带地下水位埋深从 276.5 cm 增大至 288.5 cm，其地下水位呈直线下降。从图 3-20e 看，河岸带的日波动并不是很大，说明季节性的地下水位变化是由于流场的变化引起的。

第4章　基于Saito模型的水汽热传输模拟分析

由于干旱区土壤含水量低，水汽常是土壤水分运动的主要形式，也是水分通量的主要组成部分(Milly,1984)。Saito等(2006)针对这一问题，考虑了由压力水头和温度梯度引起的液态水、气态水运动；对于土壤热传输机制，除了考虑液态水引起的传导和对流显热外，增加了水汽扩散引起的潜热和显热传输，建立了包气带水-汽-热耦合传输模型(Saito模型)。该模型成功应用于野外观测的土壤温度和土壤水分模拟与验证，成为Hydrus-1d软件中水热传输核心模型理论。国内在极端干旱区运用Saito模型研究包气带水分运动研究很少。根据第3章试验观测获得的数据和参数，运用Saito模型模拟戈壁带回填包气带和河岸带包气带的水分运动过程，分析两个剖面的温度场变化及其温度驱动力引起的水汽热运移的时空规律。首先简单介绍一下Saito模型。

4.1　数学模型

4.1.1　土壤水流运动方程

根据质量守恒定律，包气带液态水和气态水传输方程如下：

$$\frac{\partial\theta}{\partial t}=-\frac{\partial q_l}{\partial z}-\frac{\partial q_v}{\partial z}-S \tag{4-1}$$

式中，θ为土壤含水量(cm³/cm³)；q_{l}和q_{v}分别是液态水和气态水通量(cm/d)；z为垂直坐标轴，向上为正(cm)；S为植物根系吸收土壤水的源汇项(cm/d)。

考虑水势和温度梯度对液态水在包气带传输中的作用，液态水通量可表达为：

$$q_{\mathrm{l}}=q_{\mathrm{lh}}+q_{\mathrm{lT}}=-K_{\mathrm{lh}}\left(\frac{\partial h}{\partial z}+1\right)-K_{\mathrm{lT}}\frac{\partial T}{\partial z} \tag{4-2}$$

式中，q_{lh}和q_{lT}分别为土壤水势梯度、温度梯度作用引起的液态水流通量(cm/d)；K_{lh}(cm/d)和K_{lT}(cm²/(K・d))分别是土壤水势梯度、温度梯度作用下的液态水渗透系数(K为开尔文温度)。同理，气态水通量可写为：

$$q_{\mathrm{v}}=q_{\mathrm{vh}}+q_{\mathrm{vT}}=-K_{\mathrm{vh}}\frac{\partial h}{\partial z}-K_{\mathrm{vT}}\frac{\partial T}{\partial z} \tag{4-3}$$

式中，q_{vh}和q_{vT}分别为土壤水势梯度、温度梯度作用引起的气态水流通量(cm/d)；K_{vh}(cm/d)和K_{vT}(cm²/(K・d))分别是土壤水势梯度、温度梯度作用下的气态水渗透系数。

将式(4-3)和(4-2)代入到(4-1)，可得到液、气态水流运动方程：

$$\frac{\partial\theta}{\partial t}=\frac{\partial}{\partial z}\left[K_{\mathrm{hh}}\frac{\partial h}{\partial z}+K_{\mathrm{TT}}\frac{\partial T}{\partial z}+K_{\mathrm{lh}}\right]-S \tag{4-4}$$

$$K_{\mathrm{hh}}=K_{\mathrm{lh}}+K_{\mathrm{vh}} \tag{4-5}$$

$$K_{TT}=K_{lT}+K_{vT} \tag{4-6}$$

式中，K_{hh}(cm/d)和 K_{TT}(cm^2/(K·d))分别为土壤水势梯度、温度梯度分别引起的渗透系数。

4.1.2　土壤热量传导方程

根据能量守恒定律，土壤热量传输方程可写为：

$$\frac{\partial S_H}{\partial t}=-\frac{\partial q_H}{\partial z}-Q \tag{4-7}$$

式中，S_H是土壤储热量(J/cm^3)；q_H是土壤热通量(J/(cm^2·d))；Q 是土壤热量的源汇项(J/(cm^3·d))。土壤储热量是土壤各组成的储存热量之和，可写为：

$$S_H=(C_n\theta_n+C_l\theta_l+C_v\theta_v)T+L_v\theta_v=C_pT+L_v\theta_v \tag{4-8}$$

式中，T 为土壤温度(K)；C_n，C_l，C_v，C_p分别代表土壤颗粒、液态水、气态水和混合相的热容量(J/(cm^3·K))；L_v是液态水被汽化过程所消耗的潜热(J/cm^3)。

土壤热通量是水流过程中各显热通量的之和(de Vries，1958)，表达为：

$$q_H=-\lambda(\theta)\frac{\partial T}{\partial z}+C_lTq_l+C_vTq_v+L_vq_v \tag{4-9}$$

式中，$\lambda(\theta)$为土壤热传导度(J/(cm^3·d·K))；其他符号同上。

将式(4-8)和式(4-9)代入到式(4-7)得到土壤热传导控制方程(Fayer，2000)：

$$\frac{\partial C_pT}{\partial t}+L_v\frac{\partial\theta_v}{\partial t}=\frac{\partial}{\partial z}\left[\lambda(\theta)\frac{\partial T}{\partial z}\right]-C_l\frac{\partial q_lT}{\partial z}-L_l\frac{\partial q_v}{\partial z}-C_v\frac{\partial q_vT}{\partial z}-C_lST \tag{4-10}$$

4.1.3　参数确定

公式(4-9)、式(4-10)中的土壤水热特性参数确定参照公式(3-6)、式(3-7)与公式(1-7)、式(1-8)；水势梯度和温度对应的水力传导度参考 Saito 等(2006)，Noborio 等(1996)和 Fayer 等(2000)的文献。戈壁带和河岸带模型参数输入如表 4-1 所示。

表 4-1　荒漠包气带水汽热传输模型参数

包气带	埋深/cm	θ_r/(cm^3/cm^3)	θ_s/(cm^3/cm^3)	α	n	K_s/(cm/d)
戈壁带	0～150	0.0014	0.332	0.0150	3.850	535.6
	150～320	0.0016	0.358	0.0136	3.780	585.1
河岸带	0～30	0.0013	0.330	0.0278	2.800	601.2
	30～90	0.0140	0.341	0.0140	3.680	1167.6
	90～120	0.0278	0.444	0.0050	1.350	80.4
	120～160	0.0129	0.353	0.0195	3.253	816.7
	160～180	0.0038	0.413	0.0251	2.126	436.1
	180～210	0.0091	0.449	0.0145	3.480	1354.3
	210～230	0.0252	0.478	0.0020	1.280	64.7
	230～320	0.0145	0.348	0.0144	3.608	1206.6

4.1.4 初始条件及边界条件

4.1.4.1 戈壁带剖面初始及边界条件

由于戈壁带原始剖面结构复杂,观测的土壤水分数据无法使用。为了了解戈壁带蒸发状况,选择回填剖面作为研究对象,模拟时段为 2014 年 6 月 1—15 日。土壤水分温度传感器分别埋深为 20 cm、150 cm、210 cm、265 cm、300 cm、320 cm,同时设为模型观察点(图 4-1a)。地下水埋深 360～370 cm,为了使下边界为保持恒定的饱和含水量(第一类边界条件),包气带剖面长度定为 380 cm。空间步长为 5 cm,整个剖面有 77 个节点(图 4-1a)。

上边界条件利用实测的微气象数据计算平衡方程,以获得地表热通量,以此作为土壤水通量的地表边界条件(第二类边界条件),表达式如下:

$$E=\frac{\rho_{vs}-\rho_{va}}{r_v+r_s} \tag{4-11}$$

$$\rho_{vs}=P_a/[1.01+(T+273)R]$$

式中,ρ_{vs}和 ρ_{va}为地表水汽密度和大气水汽密度(g/cm^3);r_v和 r_s分别为水汽的空气阻力和土壤地表阻力(d/cm);P_a为气压(kPa);T 为地表空气温度(K);$R=0.287$J/(g・K),为空气的摩尔气体常量。ρ_{va}由公式(5-8)计算获得;Camillo 和 Gurney(1986)提供了水汽的空气阻力和土壤地表阻力计算公式,具体表达如下:

$$r_v=\frac{\ln\left(\frac{z}{z_0}-P_1\right)\times\ln\left(\frac{z}{z_0}-P_2\right)}{k^2u_z}u \tag{4-12}$$

$$r_s=0.35\times\left(\frac{\theta_s}{\theta}\right)^{2.3}+0.335 \tag{4-13}$$

式中,z 为风速的测量高程(m),z_0为粗糙率长度(m),P_1和 P_2为空气稳定校正参数,计算参照 Camillo 和 Gurney(1986),k 为卡尔曼常数(0.41),u_z为高度 z 处的风速(m/s),θ 和 θ_s分别为表层土壤含水量和饱和含水量。

初始条件:整个剖面的含水量和温度由 2014 年 6 月 1 日 00:00 时刻不同深度实测的水分和温度经过插值得到,见图 4-1b 和图 4-1c。

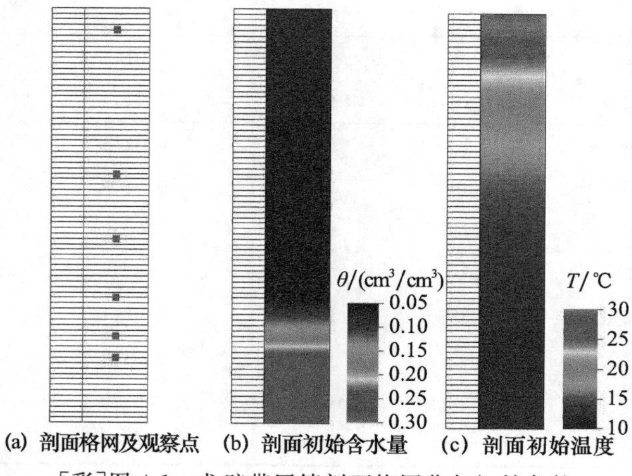

[彩]图 4-1 戈壁带回填剖面格网化与初始条件

4.1.4.2　河岸带剖面初始及边界条件

河岸带模拟时段为 2014 年 6 月 1—15 日，地下水埋深为 270～290 cm。土壤水分温度传感器埋深为 20 cm、50 cm、80 cm、95 cm、115 cm、140 cm、165 cm、178 cm、200 cm、220 cm、260 cm、320 cm，同时也为模拟观察点(图 4-2a)。模型剖面长度设为 300 cm，下边界仍为保持恒定的饱和含水量(第一类边界条件)，空间步长为 5 cm。根据剖面的土壤类型，剖面共划分为 4 个亚区(图 4-2b)。剖面初始条件和边界条件同戈壁带剖面设置，见图 4-2c 和图 4-2d。

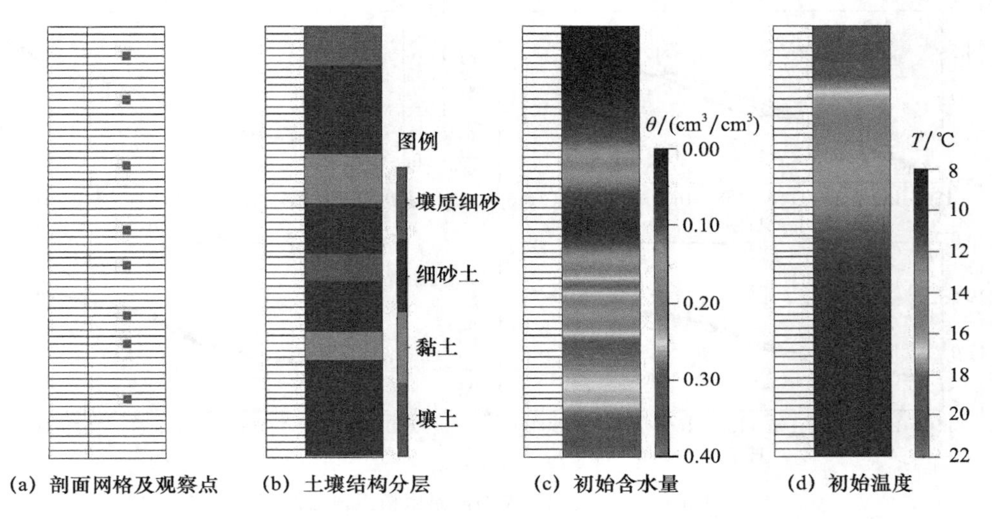

[彩]图 4-2　河岸带包气带剖面格网化与初始条件

4.2　模拟结果与分析讨论

4.2.1　模拟结果

为了评判模型模拟效果，采用相对均方根来表达模拟值与观测值吻合程度(Zeng et al.，2011b)：

$$\mathrm{RRMSE}=\frac{\sqrt{\sum (m_i-s_i)^2/n}}{\max(m_1,m_2,\cdots,m_n)-\min(m_1,m_2,\cdots,m_n)} \tag{4-14}$$

式中，m_i 为观测值，s_i 为模型模拟值，n 为模拟序列样本数。max 和 min 分别为观测序列中的最大值和最小值。RRMSE 为无量纲参数，其值越小说明拟合效果越好，当值为 0 时，说明模拟值与观测值之间完全吻合。

4.2.1.1　戈壁带剖面模拟结果

图 4-3 和图 4-4 分别是戈壁带不同埋深的土壤温度和土壤含水量的模拟与实际观测对比。对于土壤温度而言(图 4-3)，不同深度的 RRMSE 依次为 0.264、0.246、0.265、0.247、0.242、0.248。由图 4-4 可以看出，表层土壤的温度受地表温度影响大，其变幅很大，拟合效果相对较差；而对于较深土层，模型能捕捉到土壤温度的变化趋势，而不能捕捉到土壤温度日变化特征。

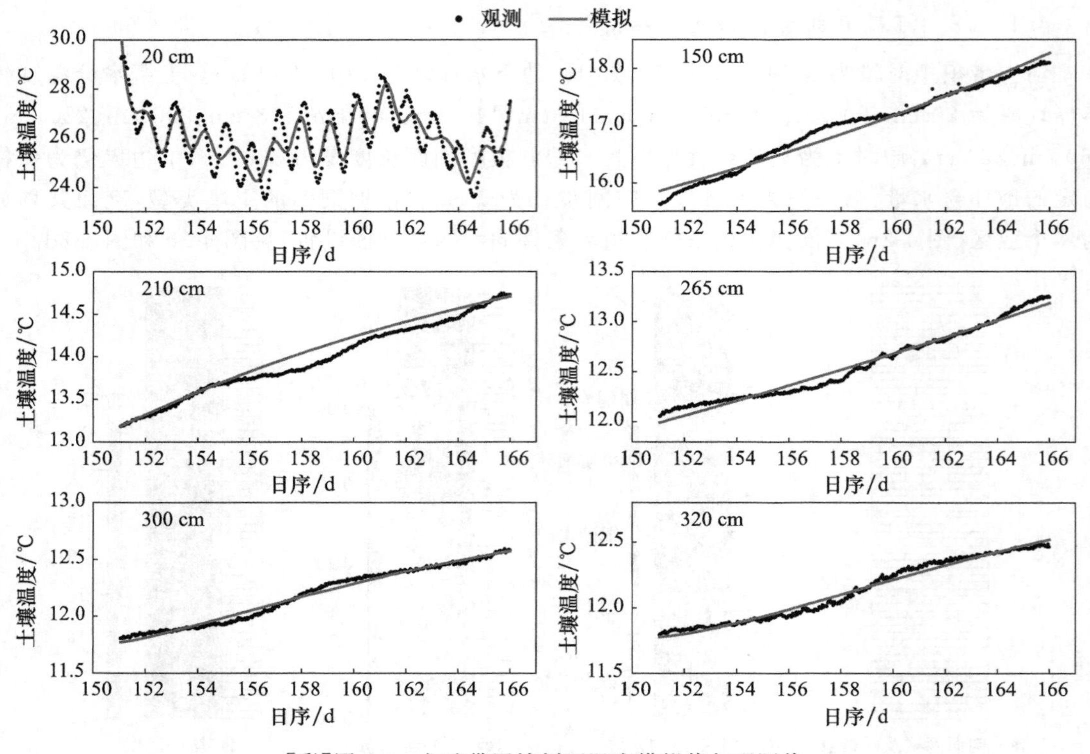

[彩]图 4-3　戈壁带回填剖面温度模拟值与观测值

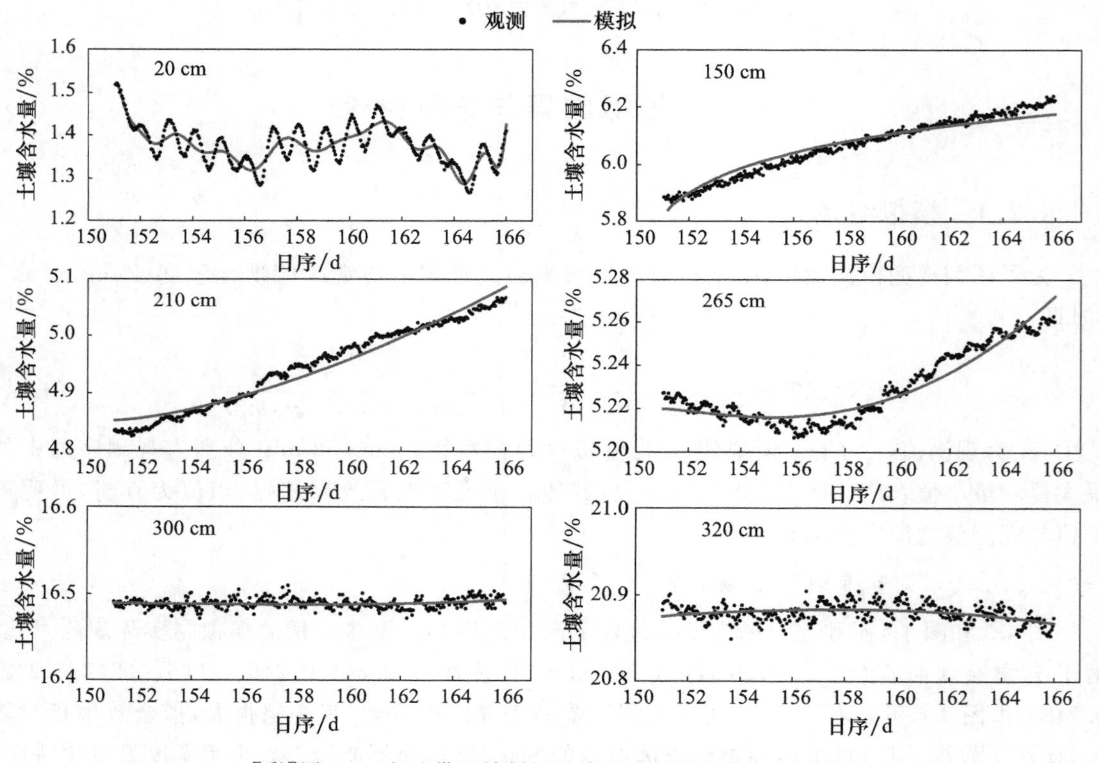

[彩]图 4-4　戈壁带回填剖面土壤含水量模拟值与观测值

对于土壤含水量模拟而言(图 4-4),不同深度的 RRMSE 依次为 0.298、0.265、0.326、0.391、0.258、0.261。比较包气带上下层土壤水分模拟结果,模型对土壤含水量模拟只能模拟出含水量的大致变化趋势,不能捕捉含水量的日变化特征。特别是对于下层土壤(300 cm 和 320 cm),土壤含水量与地下水的变化较为一致,其日变幅较为明显,模型未能有效模拟出日变幅。与温度模拟结果相比较,模型对包气带各层的温度模拟效果相对较好,而对土壤含水量变化的模拟还很不理想。

4.2.1.2　河岸带剖面模拟结果

图 4-5 和图 4-6 分别是河岸带包气带不同深度土壤温度和土壤含水量的模拟与实际观测对比。对于土壤温度而言(图 4-5),不同深度的 RRMSE 依次为 0.282、0.257、0.252、0.243、0.253、0.261、0.241、0.263。对于土壤含水量而言(图 4-6),不同深度的 RRMSE 依次为 0.253、0.254、0.215、0.420、0.136、0.134、0.148、0.408。

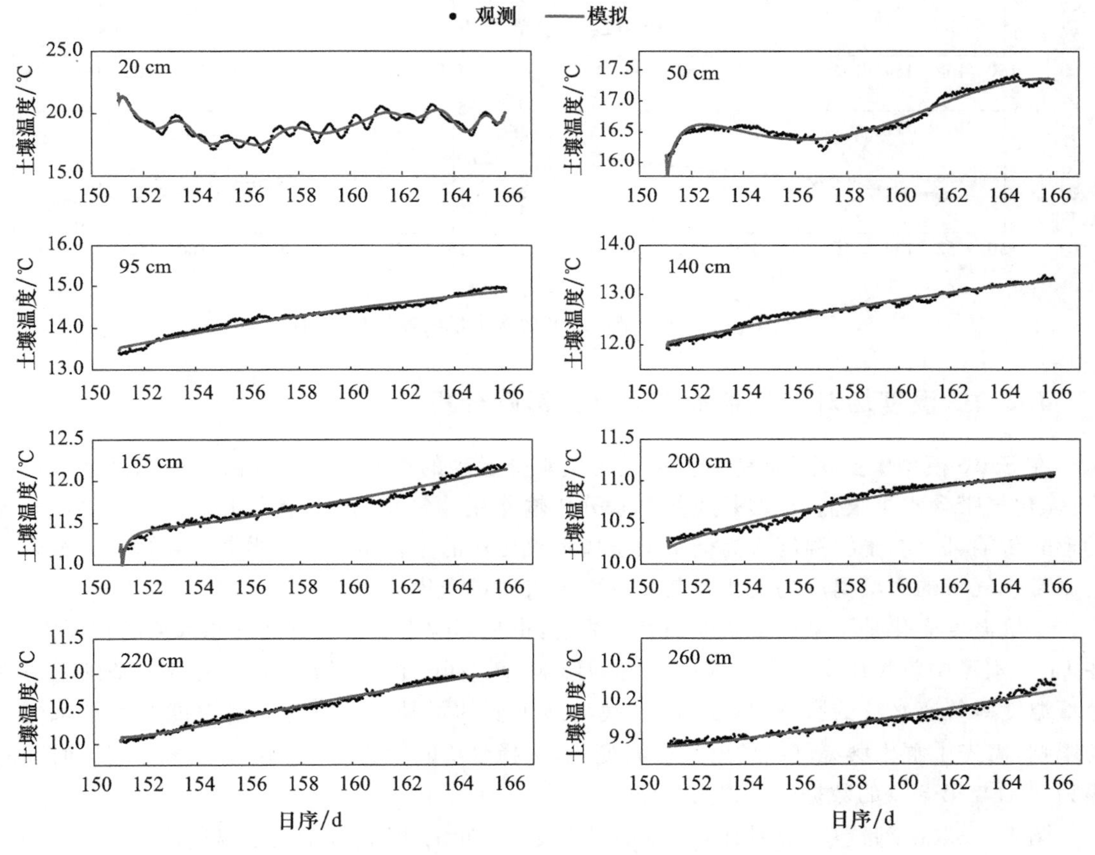

[彩]图 4-5　河岸带土壤剖面温度模拟值与观测值

从戈壁带和河岸带的沿垂向的温度和水分变化来看,包气带表层温度和水分均受上边界条件影响,呈现出有规律的日波动变化;随着包气带的埋深增加,土壤温度的日波动越来越小,而呈现近似直线的上升趋势。对于土壤含水量的变化,靠近地下水埋深的土层,其含水量较高其变化微弱,而其他土壤层含水量变化受多种因素影响,变化多样。

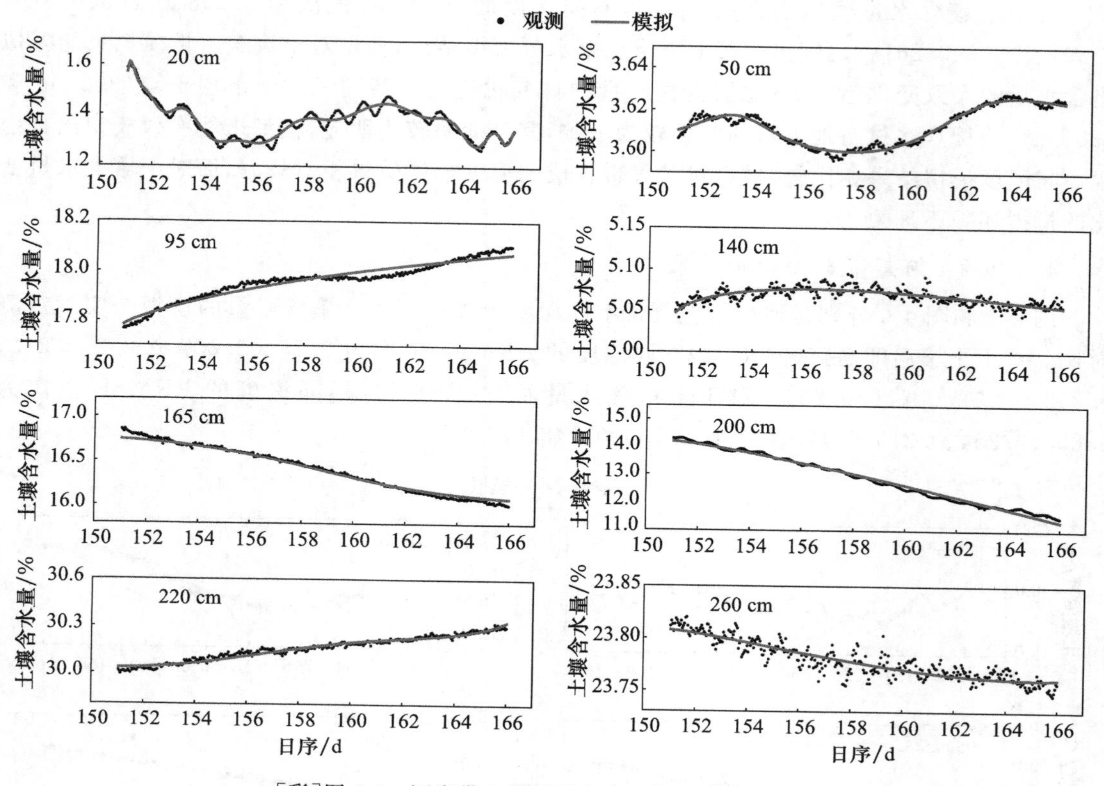

[彩]图 4-6　河岸带土壤剖面含水量模拟值与观测值

4.2.2　温度场对包气带水汽通量的影响分析

在 Saito 模型中土壤基质势和温度是土壤水分运动的重要驱动力。由于研究区为极端干旱区,包气带含水量很低,土壤基质势对水分传输作用非常小,包气带中水分运移主要以气态的形式传输,因此,土壤温度成为极干燥土壤水汽传输的主要驱动力。本节主要讨论戈壁带和河岸带包气带的土壤温度场变化及其对剖面水汽通量变化的影响。

土壤温度变化是土壤热量状况的直接体现,也是影响干燥土壤剖面气态水流的重要因素。在 PDV 模型中就考虑了温度对液态水流的影响,而 Saito 模型是在 PDV 模型的基础上考虑土壤温度对气态水流的影响,也是 Saito 模型最重要的贡献之一。为了解温度对气态水流运动影响,需先了解土壤温度场的时空分布变化,选择分析时段为 2014 年 6 月 1—15 日,时间间隔为 1 h,与第 3 章的数据时段保持一致。

图 4-7a 是戈壁带包气带剖面温度场的时空变化。可看出,包气带表层温度接近 30 ℃,而底层温度约为 10 ℃,整个剖面温度梯度平均为 0.05 ℃/cm。但是剖面温度分布并不均匀,上层0～50 cm 深度内土壤温度分布相对密集,50～150 cm 范围内温度等值线相对均匀,而 150 cm 以下土壤温度等值线很疏松,这说明上层温度变化最为剧烈,中间层次之,而下层土壤变化较为缓慢,到了底层土壤温度几乎不变。温度场的时空变化可在温度梯度变化图(图 4-7b)中得到形象的表达。另外,随着时间的推移,温度等值线逐渐下移,说明观测期内,随着气温逐日升高,土壤温度逐渐向下传递。

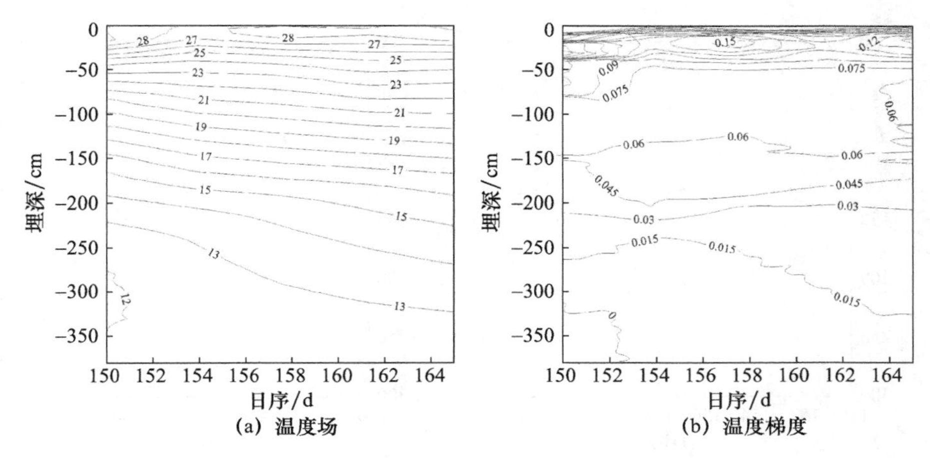

图 4-7　戈壁包气带剖面温度时空分布

图 4-7b 为戈壁包气带剖面土壤温度梯度的时空变化。从空间变化上看，与土壤温度等值线分布不同，沿包气带剖面从上到下，土壤温度梯度先增大后减小；埋深 0～20 cm 内，土壤温度梯度从表层的 0.015 ℃/cm 增大到 0.15 ℃/cm；埋深 20～70 cm 范围内土壤温度梯度急剧减小；而埋深 70 cm 以下，土壤温度梯度变缓，底层温度梯度近乎为 0 ℃/cm。从时间变化上看，分析时段内，各层土壤温度梯度随时间变化而保持相对温度的变化，说明温度梯度是气态水运移的一个主要驱动力。

结合图 4-7a 和图 4-7b 看，表层温度最高，但是表层土壤温度梯度却很小，而土壤温度梯度最大的区域位于埋深 10～50 cm 范围内，这部分是水汽最活跃的部分，从图 4-9a 可以得到证明。

图 4-8a 是河岸包气带温度场变化情况。温度场等值线分布与戈壁带剖面相似，沿剖面从上向下，由密集逐渐变疏。但是河岸带剖面温度等值线分布更为疏松，说明其土壤温度垂直变化比戈壁带土壤温度较缓，而且土壤温度比戈壁带低，表层土壤温度相差约 8 ℃，而底层温度相差 2 ℃。另外，河岸带剖面土壤温度随时间变化非常缓慢，说明河岸带土壤温度垂向传递速度慢。

图 4-8b 为河岸带包气带温度场的梯度时空连续变化状况。土壤表层 10 cm 范围内存在一个零梯度面，说明表层土壤温度与大气交换比较强烈。与图 4-7 比较，河岸带包气带垂向向下，温度梯度也是经历增大后减小的变化过程，最大梯度值分布在埋深 10～20 cm 范围内。另外，河岸带包气带温度梯度在水平方向上呈现清晰的有规律的等值线，说明河岸带剖面土壤温度垂向变化对外界响应比较缓慢。

土壤温度作为干燥土壤水汽运动的主要驱动，水汽通量的变化与温度变化有着密切的关系，这一关系可以用方程(4-3)右边的第二项表达。戈壁带和河岸带水汽通量的时空变化如图 4-9 所示。

图 4-9a 是戈壁带剖面土壤温度梯度引起的水汽通量变化。从垂向来看，温度梯度引起的水汽流等值线上层密集、下层稀疏，密集区分布在埋深 0～50 cm，是水汽传输活跃区，其中表层的水汽通量可达 0.04 cm/d，与图 3-7b 分析结果一致。另外，在整个剖面中存在两个零通量面，分别位于埋深约 15 cm 处和包气带底层。底层的零通量面为土壤饱和面，几乎无气态水运动；而在埋深约 15 cm 处的零通量面随时间变化的，此界面以上水汽通量向上传输，此界面以下水汽向下运动，是上边界与土壤交换水汽的平衡结果。而在河岸带包气带剖面表层也发现一个零通量面，这说明极端干旱区包气带的水汽在表层传输复杂，其机制有待进一步研究。从横向时间轴来看，戈壁带包气带温度梯度水汽通量随时间变化基本不变，说明温度梯度引起的气态水传输比较稳定。

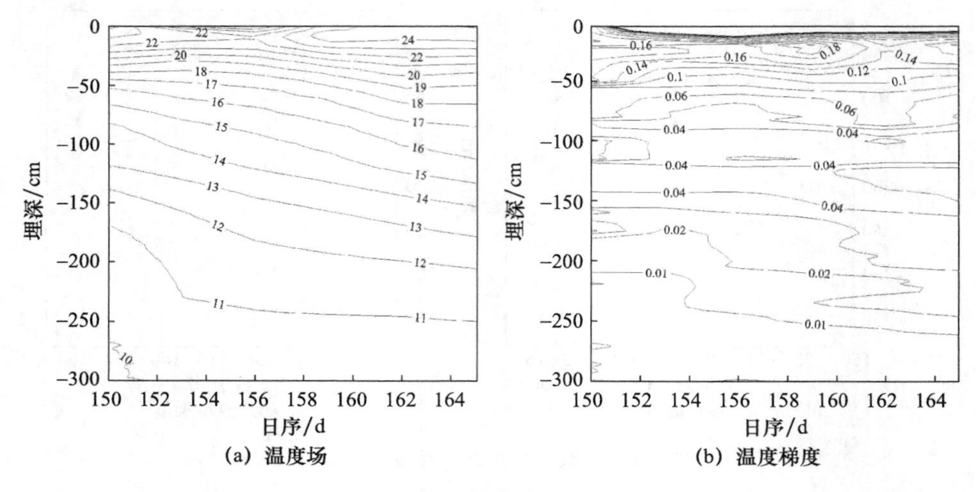

(a) 温度场　　(b) 温度梯度

图 4-8　河岸包气带剖面温度时空分布

图 4-9b 为河岸带剖面土壤温度梯度引起的水汽通量变化。与戈壁带水汽通量垂向分布比较相似,上层 0～50 cm 范围内等值线比较密集,是水汽活跃区,而 50 cm 以下等值线逐渐变疏,但是比戈壁带要均匀;而且随时间推移,温度梯度和水汽通量相对稳定不变。从垂向来看,剖面存在 4 个零通量面:表层、埋深 100 cm 处、埋深 220 cm 处和底层土壤饱和区。埋深 100 cm、220 cm 处分别为黏土层,其附近的水汽通量非常小,水汽不易通过。这几个零通量面将剖面分割为几个相对独立的气态水传输单元,水汽在整个剖面的传输连续性比较差,因此,其温度引起的水汽通量对整个剖面的水分传输贡献相对较小。

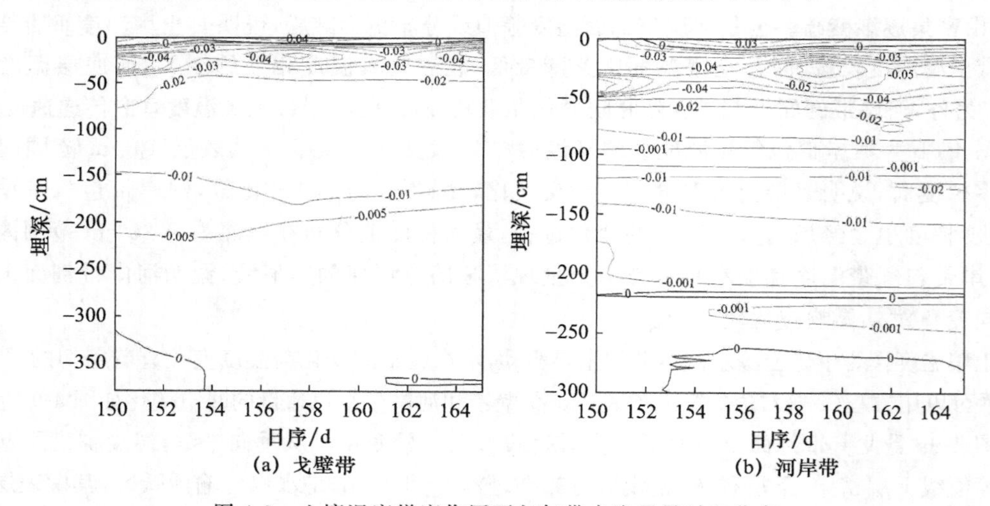

(a) 戈壁带　　(b) 河岸带

图 4-9　土壤温度梯度作用下包气带水汽通量时空分布

第5章 干旱区包气带水-汽-气-热运移模型

5.1 研究概述

PDV模型试图用土壤温度梯度来解释水汽扩散增强这一机制(Philip and de Vries, 1957),由于该理论没有得到直接观测数据的证实,其温度增强水汽扩散的机制受到质疑。已有研究表明:当没有温度梯度时,水汽增强运移现象依旧出现,这说明PDV模型中水汽运移机制不完善(Webb and Ho,1997)。另外,在传统包气带水分运移方程中假定土壤空气压强和大气压强保持平衡,忽略土壤空气流动影响,所以对包气带水汽热运移机制需要更深入研究。

由于干旱区包气带含水量低,气态水的运移成为包气带总水分通量中很重要的部分(Saito et al.,2006),除土壤温度外,土壤空气运动对水汽的传输作用也不容忽略,因此,需建立考虑土壤空气运动的包气带水-气-热传输模型。在工程领域(岩土工程、地热工程、环境工程、干燥工程等),二相或多相流的理论和模型相对成熟(Schrefler and Pesavento,2004;Kowalski,2008;Thomas et al.,2009)。在非饱和土壤领域,利用二相或者多相流理论研究包气带水汽热运移相对较少。20世纪90年代初,Schrefler和Zhan(1993)首个建立多孔介质中水与空气二相流耦合模型。随后,研究者以PDV模型或者Milly模型为基础,建立了考虑土壤空气对包气带水流运动的影响二相流耦合模型,但是由于研究问题不同,模型中方程的构成也不同,(Thomas and Sansom,1995;Zhou et al.,1998;Zeng et al.,2011a;Jahangir and Sadrnejad,2013)。因此,本章根据研究区包气带水分特点和传输机制,构建适合干旱区包气带水-汽-热传输控制方程。

5.2 包气带水-汽-气-热运移模型

目前,绝大多数包气带水分运移模型假设大气与土壤之间的相互作用方向是一维垂直的。基于Milly模型和Saito模型,包气带水-汽-气-热运移模型增加了土壤空气流动方程,将土壤空气作为一个状态变量,用于描述液-气相态之间热传输和能量平衡。

5.2.1 基本方程

5.2.1.1 包气带水汽连续性方程

饱和土壤蒸发过程可划分为两个阶段,(1)毛管力控制蒸发的阶段,蒸散发速率相对稳定;(2)水汽扩散控制蒸发的阶段,蒸发速率迅速下降(Or et al.,2013)。而在旱区包气带中,土壤含水量低,包气带中的水汽运移属于土壤水分蒸发第二个阶段,气态水运移是水分运动的重要部分(Saito et al.,2006)。

根据质量守恒原理,包气带水汽连续性方程可表达为:

$$\frac{\partial(\rho_l\theta+\rho_v\theta_a)}{\partial t}=-\frac{\partial}{\partial z}(q_l+q_v)-S \tag{5-1}$$

式中,ρ_l,ρ_v分别为水、水汽密度(kg/m^3);θ,θ_a分别为土壤体积含水量和土壤空气体积含量(m^3/m^3);q_l,q_v分别为土壤液态水通量和气态水通量(kg/(m^2·s));S为植物根系吸收土壤水的源汇项(kg/(m^3·s));t为时间(s);z为垂直坐标轴(m),定义向上为正方向。

土壤水势有基质势、温度势、重力势、压力势和溶质势组成(邵明安 等,2006)。由于非饱和土壤中不存在压力势,在淡水地下水中溶质势很小,可以忽略不计。在干旱区土壤温度对水分运动的影响比较大,不可忽略,因此在非饱和土壤中,土水势由基质势、温度势和重力势组成。土壤液态水通量可表达为:

$$q_l=-\rho_l\left(K_{lh}\frac{\partial h}{\partial z}+K_{lT}\frac{\partial T}{\partial z}+K_{lh}\right) \tag{5-2}$$

式中,h为土壤基质势(cm);K_{lh}为土壤水势梯度作用下的液态水水力传导度(m/s);K_{lT}为土壤温度梯度作用下的液态水水力传导度(m^2/(K·s))。

由于基质势是温度和含水量的函数,基质势梯度可以写为:

$$\frac{\partial h}{\partial z}=\frac{\partial h}{\partial\theta}\frac{\partial\theta}{\partial z}+\frac{\partial h}{\partial T}\frac{\partial T}{\partial z} \tag{5-3}$$

将式(5-3)代入到式(5-2)中,土壤液态水通量可改写为:

$$q_l=-\rho_l\left(D_{l\theta}\frac{\partial\theta}{\partial z}+D_{lT}\frac{\partial T}{\partial z}+K_{lT}\frac{\partial T}{\partial z}+K_{lh}\right) \tag{5-4}$$

式中,$D_{l\theta}=K_{lh}\partial h/\partial\theta$为恒温下土壤液态水扩散系数(m^2/s);$D_{lT}=K_{lh}\partial h/\partial T$为温度梯度下的液态水扩散系数(m^2/(K·s))。上式右边第一项表示等温条件下土壤液态水扩散运动,第二项表示温度梯度引起的液态水的扩散运动,第三项表示温度梯度引起的对流传输,第四项表示重力作用引起的液态水分运动。

水分在包气带中不仅以液态水的形式传输,还有气态水在包气带孔隙运动,Milly(1980)将气态水通量表达为:

$$q_v=-D_m\frac{\partial\rho_v}{\partial z} \tag{5-5}$$

式中,D_m为水汽在土壤孔隙中的分子扩散率(m^2/s)。水汽在孔隙中的运动不仅有扩散运动,而且还存在土壤空气气压驱动产生的对流传输。水汽在土壤气压梯度产生的弥散作用比较小,可以忽略。那么考虑对流和扩散作用下气态水通量可写为(Zhou et al.,1998;邵明安 等,2006):

$$q_v=-D_m\frac{\partial\rho_v}{\partial z}+\frac{\rho_v}{\rho_a}q_{ad} \tag{5-6}$$

$$q_{ad}=-K_a\frac{\rho_a}{\rho_l g}\frac{\partial P_a}{\partial z} \tag{5-7}$$

式中,ρ_a为土壤空气密度(kg/m^3);q_{ad}为土壤空气对流通量(kg/(m^2·s)),K_a为土壤空气的渗透率(m/s);P_a为土壤空气压强(Pa)。

土壤孔隙中水汽密度可以写为(Philip and de Vries,1957;Saito et al.,2006):

$$\rho_v = \rho_0 H_r = \rho_0 \exp(hg/R_v T) \tag{5-8}$$

式中，ρ_0 是饱和水汽密度（kg/m^3）；H_r 为相对湿度，h 为基质势；R_v 为水汽气体常数（461.5 J/(kg·K)）；g 为重力加速度（m/s^2）；T 为开尔文温度（K）。由于水汽密度是土壤温度和含水量的函数，可以将式(5-7)写为偏微分形式：

$$\frac{\partial \rho_v}{\partial z} = \rho_0 \frac{\partial H_r}{\partial z} + H_r \frac{\partial \rho_0}{\partial z} \tag{5-9}$$

将式(5-9)关于温度和含水量展开，代入到式(5-6)中得到气态水通量：

$$q_v = -\left(D_{v\theta}\frac{\partial \theta}{\partial z} + D_{vT}\frac{\partial T}{\partial z}\right) - K_a \frac{\rho_v}{\rho_l g}\frac{\partial P_a}{\partial z} \tag{5-10}$$

$$D_{v\theta} = \frac{D_m \rho_v g}{R_v T}\frac{\partial h}{\partial \theta}$$

$$D_{vT} = D_m\left(H_r \frac{d\rho_0}{dT} - \frac{\rho_v h g}{R_v T^2}\right)$$

式中，$D_{v\theta}$ 是温度梯度下土壤水汽扩散系数（kg/(m·s)），D_{vT} 是等温条件下土壤水汽扩散系数[(kg·m)/(K·s)]。式(5-10)右边第一项是等温条件下气态水的扩散运动，第二项表示温度梯度引起的水汽扩散，第三项表示在土壤空气压力梯度下引起的对流。

将式(5-4)和(5-10)代入式(5-1)，整理得包气带水流连续性方程形式可简化为：

$$C_{\theta m}\frac{\partial \theta}{\partial t} + C_{Tm}\frac{\partial T}{\partial t} = \frac{\partial}{\partial z}\left(D_{\theta m}\frac{\partial \theta}{\partial z}\right) + \frac{\partial}{\partial z}\left(D_{Tm}\frac{\partial T}{\partial z}\right) + \frac{\partial}{\partial z}\left(D_{Pm}\frac{\partial P_a}{\partial z}\right) + \rho_l \frac{\partial K_{lh}}{\partial z} - S \tag{5-11}$$

其中：$C_{\theta m} = (\rho_l - \rho_v) + \theta_a H_r \frac{\rho_0 g}{R_v T}\frac{\partial h}{\partial \theta}$

$C_{Tm} = \theta_a (H_r \partial \rho_0 / \partial T - \rho_v hg/(R_v T^2))$

$D_{\theta m} = \rho_l D_{l\theta} + D_{v\theta}$

$D_{Tm} = \rho_l (D_{lT} + K_{lT}) + D_{vT}$

$D_{Pm} = K_a \rho_v / (\rho_l g)$

5.2.1.2　包气带空气连续性方程

包气带中的空气流动主要受两个驱动力影响：(1)空气密度梯度产生的扩散作用；(2)空气压强梯度产生的对流。此外，考虑到部分空气会溶解于水，Henry 定律也考虑到土壤空气流动方程中。

包气带空气连续性方程可表达为（Thomas and Sansom，1995；Jahangir and Sadrnejad，2013）：

$$\frac{\partial (H\theta \rho_a + \theta_a \rho_a)}{\partial t} = -\frac{\partial}{\partial z}\left(H\frac{\rho_a}{\rho_l} q_l - D_m \frac{\partial \rho_a}{\partial z} - K_a \frac{\rho_a}{\rho_l g}\frac{\partial P_a}{\partial z}\right) \tag{5-12}$$

式中，H 为 Henry 常数，常取 0.02；上式右边第一项为液态水中溶解的空气，第二项是空气的扩散作用项，第三项是包气带空气对流项。

由于土壤空气密度可写为：

$$\rho_a = \frac{P_a}{R_a T} \tag{5-13}$$

式中，R_a 为空气的气体常数（287.1 J/(kg·K)）；P_a 为土壤空气压强（Pa）；结合式(5-12)和

式(5-13),包气带空气连续性方程形式可简化为:

$$C_{\theta a}\frac{\partial \theta}{\partial t}+C_{Ta}\frac{\partial T}{\partial t}+C_{Pa}\frac{\partial P_a}{\partial t}=\frac{\partial}{\partial z}\left(D_{\theta a}\frac{\partial \theta}{\partial z}\right)+\frac{\partial}{\partial z}\left(D_{Ta}\frac{\partial T}{\partial z}\right)+\frac{\partial}{\partial z}\left(D_{Pa}\frac{\partial P_a}{\partial z}\right)+D_{Ka}\frac{\partial K_{lh}}{\partial z} \tag{5-14}$$

其中:$C_{\theta a}=\rho_a(H-1)$

$C_{Ta}=(H\theta+\theta_a)/(R_a T)$

$C_{Pa}=-(H\theta+\theta_a)P_a/(R_a T^2)$

$D_{\theta a}=H\rho_a D_{l\theta}$

$D_{Ta}=H\rho_a D_{lT}+H\rho_a K_{lT}-D_m P_a/(R_a T^2)$

$D_{Pa}=D_m/(R_a T)-\rho_a K_a/(\rho_l g)$

$D_{Ka}=H\rho_a$

5.2.1.3　包气带热量平衡方程

包气带热量平衡包括土体热量传输和土体储存热变。包气带热量传输主要通过液态水通量、水汽通量及土壤空气通量来传输,而包气带热量的传导媒介主要是岩土颗粒、液态水、气态水及空气,包气带储存热主要包括,土体容积热量和蒸发潜热(de Vries,1958)。

根据 Saito 模型,包气带热量平衡方程可写为:

$$\frac{\partial S_h}{\partial t}=-\frac{\partial q_h}{\partial z}-Q \tag{5-15}$$

式中,S_h为包气带储存热(J/m³);q_h为总热通量(J/(m² · s));Q为能量的源汇项(J/(m³ · s))。

根据包气带储存热组成,包气带储存可写为:

$$S_h=(\rho_s\theta_s c_s+\rho_l\theta c_l+\rho_v\theta_a c_v+\rho_a\theta_a c_a)T+L_v\rho_v\theta_a=c_p T+L_v\rho_v\theta_a \tag{5-16}$$

式中,T为土壤温度(℃);θ_s为土壤颗粒体积(m³);c_s,c_l,c_v,c_a和c_p分别是土壤颗粒、液态水、气态水、干空气和土壤的比热(J/(kg · ℃));L_v为蒸发潜热(J/kg)。

包气带的总热通量表达式如下:

$$q_h=-\lambda(\theta)\frac{\partial T}{\partial z}+q_l c_l T+q_v c_v T+q_a c_a T+L_v q_v \tag{5-17}$$

式中,$\lambda(\theta)$为土壤热传导率(J/(m · s · ℃))。

将式(5-16)和式(5-17)代入式(5-15),得到包气带热量平衡方程:

$$\frac{\partial c_p T}{\partial t}+\frac{\partial L_v\theta_a}{\partial t}=-\frac{\partial}{\partial z}\left[-\lambda(\theta)\frac{\partial T}{\partial z}+q_l c_l T+q_v c_v T+q_a c_a T+L_v q_v\right]-c_l ST \tag{5-18}$$

对式(5-18)进行整合,土壤热量平衡方程形式可简化为:

$$C_{\theta h}\frac{\partial \theta}{\partial t}+C_{Th}\frac{\partial T}{\partial t}=\frac{\partial}{\partial z}\left(D_{\theta h}\frac{\partial \theta}{\partial z}\right)+\frac{\partial}{\partial z}\left(D_{Th}\frac{\partial T}{\partial z}\right)+\frac{\partial}{\partial z}\left(D_{Ph}\frac{\partial P_a}{\partial z}\right)+D_{Kh}\frac{\partial K_{lh}}{\partial z}+D_T\frac{\partial T}{\partial z}+S_h T \tag{5-19}$$

其中:$C_{\theta h}=T(q_l c_l-q_v c_v-q_a c_a)+L_v\rho_v\left(\frac{\theta_a g}{R_v T}\frac{\partial h}{\partial \theta}-1\right)$

$C_{Th}=c_p+\rho_v\theta_a\frac{\partial L_v}{\partial T}+L_v\theta_a\left(H_r\frac{\partial \rho_0}{\partial T}-\frac{\rho_v h g}{R_v T^2}\right)$

$D_{\theta h}=\rho_l c_l D_{l\theta}T+c_v D_{v\theta}T-L_v D_{v\theta}$

$D_{Th}=\lambda(\theta)-(q_l c_l+q_v c_v+q_a c_a)+\rho_l c_l T(D_{lT}+K_{lT})+c_v D_{vT}T-L_v D_{vT}$

$$D_{Ph}=\frac{K_a}{\rho_l g}(\rho_v c_v T+c_a T-L_v)-\frac{c_a D_m}{R_a T}$$

$$D_{Kh}=c_l\rho_l T$$

$$D_T=q_v\frac{\partial L_v}{\partial T}$$

$$S_h=c_l S$$

5.2.2　参数方程

5.2.2.1　土壤水分特征曲线

包气带水分运移模型中一般采用 van Genuchten 模型提供拟合参数，该模型要求土壤含水量不低于残余含水量。当土壤含水量接近或低于残余含水量时，van Genuchten 模型不再适用。针对这一问题，Ciocca 等(2014)通过土壤饱和度替换了 van Genchten 模型中的有效饱和度，使之能描述土壤含水量全范围($0\sim\theta_s$)的水分特征曲线。改进后的方程如下：

$$h(S)=\frac{1}{\alpha}(S^{-n/(n-1)}-1)^{1/n} \tag{5-20}$$

式中，h 为基质势(m)；α 为与土壤孔隙进气有关的参数[—]；n 为表征土壤颗粒分布的经验参数；$S(=\theta/\theta_s)$为土壤饱和度[—]；van Genchten 模型中的有效饱和度 $S_{eff}=(\theta-\theta_r)/(\theta_s-\theta_r)$，$\theta_s$为土壤饱和含水量，$\theta_r$为土壤残余含水量。

由于研究区的包气带上层土壤含水量很低，表层接近或者低于土壤的残余含水量，采用式(5-20)提供模型参数。

5.2.2.2　土壤液态水流运动参数

方程(5-4)中的等温液态水水力传导度 K_{lh}，可表示为(van Genuchten，1980；Saito et al.，2006)：

$$K_{lh}=K_s S^l[1-(1-S^{1/m})^m]^2 \tag{5-21}$$

式中，K_s为饱和水力传导度(m/s)，可由实验测得；S 为式(5-20)中的土壤水分饱和度；l 和 m ($=1-1/n$)为经验参数，可通过拟合式(5-20)改进的 van Genchten 模型获得。

方程(5-4)中温度梯度下的液态水的水力传导度 K_{lT}，可表达为(Saito et al.，2006)：

$$K_{lT}=K_{lh}hG_{wT}\frac{1}{\gamma_0}\frac{d\gamma}{dT} \tag{5-22}$$

式中，G_{wT}是增益因子[—]，表示土壤水分特征曲线对温度的依赖性。γ 为土壤水的表面张力(g/s^2)；γ_0为在 25 ℃条件下土壤水表面张力(71.89 g/s^2)。

$$\gamma=75.6-0.1425T-2.38\times10^{-4}T^2 \tag{5-23}$$

此处，T 的单位为℃。

经求得式(5-20)中的$\partial h/\partial\theta$，方程(5-4)中的等温下土壤液态水扩散系数可写为：

$$D_{l\theta}=K_{lh}\frac{\partial h}{\partial\theta}=-K_{lh}\frac{1}{n-1}\frac{1}{\alpha\theta_s}\left[\left(\frac{\theta}{\theta_s}\right)^{\frac{-n}{n-1}}-1\right]^{\frac{1}{n}-1}\left(\frac{\theta}{\theta_s}\right)^{\frac{-n}{n-1}} \tag{5-24}$$

方程(5-4)中温度梯度下的液态水扩散系数为 Milly(1980)模型中温度梯度导致的吸附水流动传导系数，可表达为(Zeng et al.，2011b)：

$$D_{lT}=\frac{H_w}{bf_0\mu_w T}\times 1.5548\times 10^{-15} \tag{5-25}$$

其中,H_w为整体润湿热(J/m^2);$b=4\times 10^{-8}$(m);T 的单位为℃;f_0为曲度因子($\theta_a^{7/3}/\theta_s^2$);$\mu_w$为水的动态黏度。

5.2.2.3　土壤气态水流运动参数

方程(5-6)中的水汽密度如式(5-8)所示,其中的饱和水汽密度可写为(Saito et al.,2006):

$$\rho_0=\frac{1}{T}\exp\left(31.3716-\frac{6014.79}{T}-7.92495\times 10^{-3}\right)\times 10^{-3} \tag{5-26}$$

此处,T 的单位为 K。Philip 和 de Vries(1957)认为水汽密度中的相对湿度 H_r仅仅是 θ 的函数;根据 H_r的表达式,H_r还是温度 T 的函数,那么 Philip 和 de Vries(1957)对水汽密度对 θ 和 T 的偏微分处理错误,Milly(1982)给予了纠正,见式(5-10)。

方程(5-6)中的土壤水汽扩散率 D_m,可定义为:

$$D_m=f_0\theta_a D_a \tag{5-27}$$

式中,D_a为空气中水汽的扩散度(m^2/s),可表达为温度 T 的关系式(Saito et al.,2006):

$$D_a=2.12\times 10^{-5}\left(\frac{T}{273.15}\right)^2 \tag{5-28}$$

方程(5-10)中的温度梯度下土壤水汽扩散系数 $D_{v\theta}$和等温条件下土壤水汽扩散系数 D_{vT},可根据式(5-20)和式(5-26)分别计算获得。

5.2.2.4　土壤空气及热量传输参数

方程(5-7)和式(5-12)中的土壤空气渗透率可写为(Scanlon et al.,1999):

$$K_a=K_s\frac{\mu_l}{\mu_a} \tag{5-29}$$

其中,μ_a为土壤空气黏度(kg/(m·s));μ_l为水的动态黏度(kg/(m·s)),其表达式如下:

$$\mu_l=\mu_{l0}\exp\left(\frac{\mu_1}{R(T+133.3)}\right) \tag{5-30}$$

此处,$\mu_{l0}=2.4152\times 10^{-5}$(Pa·s);$\mu_1=4.7428$ (kJ/mol);$R=8.314$(J/(mol·℃));T 的单位为℃。

方程(5-16)中土壤导热率,可以表示为(Chung and Horton,1987):

$$\lambda_0(\theta)=b_1+b_2\theta+b_3\theta^{0.5} \tag{5-31}$$

式中,b_1,b_2和 b_3是经验回归系数(J/(m·s·℃))。

方程(5-16)中的蒸发潜热是温度的函数,可写为:

$$L_v=2.501\times 10^{-6}-2369.2T \tag{5-32}$$

此处,T 的单位为℃;L_v的单位为 J/kg。

5.2.2.5　根系吸水模型参数

研究区河岸带的植被主要为胡杨,中国科学院寒区旱区环境与工程研究所冯起研究团队在额济纳旗胡杨根系吸水模型方面已取得研究成果。新构建的包气带水-汽-气-热耦合传输模型中的根系吸水模块选用冯起等(2008)改进的 Feddes 模型。该模型同时考虑了根系密度和土壤水势状况两个影响根系吸水强度最主要的因素;形式简单,便于应用,具体形式如下:

$$S_r(z,t)=\frac{a(h)L(z)}{\int_0^z a(h)L(z)\mathrm{d}z}T_r(t) \tag{5-33}$$

$$a(h)=\begin{cases} h/h_1 & h_1\leqslant h\leqslant 0 \\ 1 & h_2\leqslant h\leqslant h_1 \\ (h-h_3)/(h_2-h_3) & h_3\leqslant h\leqslant h_2 \\ 0 & h\leqslant h_3 \end{cases} \tag{5-34}$$

式(5-33)和式(5-34)中，$S_r(z,t)$为根系吸水强度(1/h)；$a(h)$为水势影响函数；$L(z)$为根长密度(cm/cm^3)；$T_r(t)$为植株蒸腾强度(m/h)；h_1，h_2，h_3为影响根系吸水的几个土壤水势阈值，z为土壤深度(cm)。

其中的参数确定如下。

(1)$a(h)$的确定

h_1取 80%田间持水量对应的土水势，h_2取 60%田间持水量对应的土水势，h_3为凋萎含水量对应的土水势。额济纳胡杨根系吸水土壤水势阈值取值参照文献(司建华 等，2007)。

(2)根长密度函数的确定

冯起等(2008)根据胡杨一维根长密度试验数据，建立了胡杨一维根长密度函数：

$$L(z)=34.33L_{max}\exp(-6.044z/Z) \tag{5-35}$$

式中，L_{max}为最大根长密度(0.517 cm/cm^3)；Z为根系垂直最大伸展长度(cm)。

(3)胡杨植株蒸腾强度的确定

冯起等(2008)根据树液流日、季实测资料绘制出胡杨蒸腾速率的日变化曲线，得到了胡杨蒸腾速率日变化的数学模型：

$$T_r(t)=1\times10^{-6}t^3-0.0004t^2+0.0408t-0.1087 \tag{5-36}$$

式中，t为一年中的日序。

5.3　模型有限差分求解

由于包气带水-汽-气-热运移模型中的土壤水汽连续性方程、土壤空气连续性方程和热量平衡方程均以偏导数的形式给出，对其无法用解析法求解，因此常借用初始条件和边条件进行数值求解。

5.3.1　包气带水-汽-气-热运移方程组数学描述

5.3.1.1　基本方程描述

(1)包气带水汽运动的基本方程的形式如下：

$$C_{\theta m}\frac{\partial\theta}{\partial t}+C_{Tm}\frac{\partial T}{\partial t}=\frac{\partial}{\partial z}\left(D_{\theta m}\frac{\partial\theta}{\partial z}\right)+\frac{\partial}{\partial z}\left(D_{Tm}\frac{\partial T}{\partial z}\right)+\frac{\partial}{\partial z}\left(D_{Pm}\frac{\partial P_a}{\partial z}\right)+\rho_l\frac{\partial K_{lh}}{\partial z}-S \tag{5-37}$$

(2)包气带土壤空气运动的基本方程的形式：

$$C_{\theta a}\frac{\partial\theta}{\partial t}+C_{Ta}\frac{\partial T}{\partial t}+C_{Pa}\frac{\partial P_a}{\partial t}=\frac{\partial}{\partial z}\left(D_{\theta a}\frac{\partial\theta}{\partial z}\right)+\frac{\partial}{\partial z}\left(D_{Ta}\frac{\partial T}{\partial z}\right)+\frac{\partial}{\partial z}\left(D_{Pa}\frac{\partial P_a}{\partial z}\right)+D_{Ka}\frac{\partial K_{lh}}{\partial z} \tag{5-38}$$

(3)包气带土壤热量传输的基本方程的形式：

$$C_{\theta h}\frac{\partial\theta}{\partial t}+C_{\mathrm{Th}}\frac{\partial T}{\partial t}=\frac{\partial}{\partial z}\left(D_{\theta h}\frac{\partial\theta}{\partial z}\right)+\frac{\partial}{\partial z}\left(D_{\mathrm{Th}}\frac{\partial T}{\partial z}\right)+\frac{\partial}{\partial z}\left(D_{\mathrm{Ph}}\frac{\partial P_{\mathrm{a}}}{\partial z}\right)+D_{\mathrm{Kh}}\frac{\partial K_{\mathrm{lh}}}{\partial z}+D_{\mathrm{T}}\frac{\partial T}{\partial z}+S_{\mathrm{h}}T \tag{5-39}$$

5.3.1.2　定解条件描述

(1)初始条件

在一维情况下，初始条件为研究时段初的土壤含水量和温度剖面，可表示为：

$$\theta(z,0)=\theta(z)\quad（土壤剖面初始含水量） \tag{5-40}$$

$$T(z,0)=T(z)\quad（土壤剖面初始温度） \tag{5-41}$$

(2)上边界条件

上边界条件一般由三种类型，第一类边界条件(Dirichlet 边界条件)为已知的边界的含水量(或基质势)和温度，可表示为：

$$\theta(0,t)=\theta(t)\quad（地表土壤含水量） \tag{5-42}$$

$$T(0,t)=T(t)\quad（地表温度） \tag{5-43}$$

第二类边界条件为已知地表入渗或者蒸发速率、热通量，可表示为：

$$-D_{\theta\mathrm{m}}\frac{\partial\theta}{\partial z}\bigg|_{z=0}-D_{\mathrm{Tm}}\frac{\partial T}{\partial z}\bigg|_{z=0}-D_{\mathrm{Pm}}\frac{\partial P_{\mathrm{a}}}{\partial z}\bigg|_{z=0}-\rho_{\mathrm{l}}K_{\mathrm{lh}}\big|_{z=0}=f(t) \tag{5-44}$$

$$-D_{\theta\mathrm{h}}\frac{\partial\theta}{\partial z}\bigg|_{z=0}-D_{\mathrm{Th}}\frac{\partial T}{\partial z}\bigg|_{z=0}-D_{\mathrm{Ph}}\frac{\partial P_{\mathrm{a}}}{\partial z}\bigg|_{z=0}-D_{\mathrm{Kh}}K_{\mathrm{lh}}\big|_{z=0}-D_{\mathrm{T}}T\big|_{z=0}=g(t) \tag{5-45}$$

式中，$f(t)$表示入渗或者蒸发，二者符号相反；$g(t)$表示地表热通量

第三类边界条件为混合边界条件，例如，已知地表水分通量与含水量(或基质势)的某种组合。

(3)下边界条件

下边界条件可能出现不同的情况。当研究土层较深时，或者下边界条件取为地下水面以下，可认为下边界条件土壤含水量或基质势和温度不变，属于第一类边界条件。

$$\theta(z_{\mathrm{h}},t)=\theta_{\mathrm{h}}(t)\quad（含水量的下边界值） \tag{5-46}$$

$$T(z_{\mathrm{h}},t)=T_{\mathrm{h}}(t)\quad（土壤温度的下边界值） \tag{5-47}$$

当下边界有不透水层时，可认为第二边界条件(零通量)。有时，下边界存在可视为重力排水边界，相应的水分通量为下边界的水力传导度，此时下边界处的含水量梯度为0。

5.3.2　水-汽-气-热运移方程组的有限差分解法

由于水-汽-气-热运移非线性方程组均是时间与空间的函数，因此对非线性方程组的时间项和空间项分别进行离散化。本研究采用有限差分法对非线性方程组进行时间空间离散。有限差分法分为显式差分格式、中心差分格式和隐式差分格式。由于显式差分格式对时间和空间步长要求严格，不便于应用；中心差分格式精度高，但不一定保证求解稳定；而全隐式差分格式一般可以取得较好的结果，因此，本研究中包气带水-汽-气-热耦合模型的非线性方程组采用全隐式差分格式(图 5-1)。

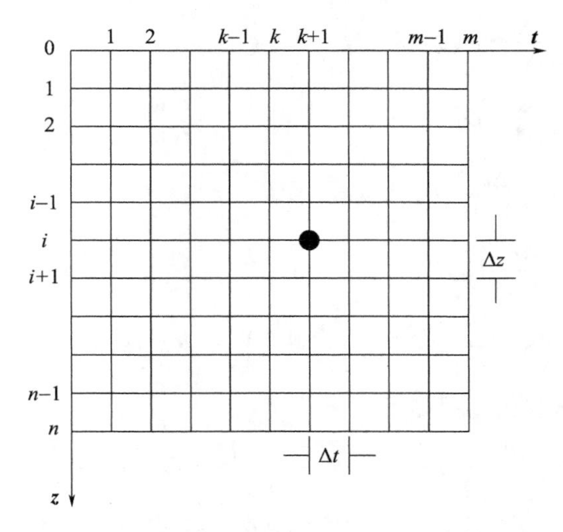

图 5-1　一维有限差分法全隐式格式

将包气带的厚度 z 离散成 n 层，节点编号为 $i(i=0,1,2,\cdots,n)$，步长为 Δz；将时间 t 离散为 m 个时段，时间步长为 Δt，时间节点编号为 $k(k=0,1,2,\cdots,m)$（图 5-1），对方程(5-37)具体离散化过程如下：

$$
\begin{aligned}
& C_{\theta mi}^{k+1}\frac{\theta_i^{k+1}-\theta_i^k}{\Delta t}+C_{Tmi}^{k+1}\frac{T_i^{k+1}-T_i^k}{\Delta t} \\
&=\frac{D_{\theta mi+1/2}^{k+1}(\theta_{i+1}^{k+1}-\theta_i^{k+1})-D_{\theta mi-1/2}^{k+1}(\theta_i^{k+1}-\theta_{i-1}^{k+1})}{(\Delta z)^2}+ \\
&\quad \frac{D_{Tmi+1/2}^{k+1}(T_{i+1}^{k+1}-T_i^{k+1})-D_{Tmi-1/2}^{k+1}(T_i^{k+1}-T_{i-1}^{k+1})}{(\Delta z)^2}+ \\
&\quad \frac{D_{Pmi+1/2}^{k+1}(P_{ai+1}^{k+1}-P_{ai}^{k+1})-D_{Pmi-1/2}^{k+1}(P_{ai}^{k+1}-P_{ai-1}^{k+1})}{(\Delta z)^2}+ \\
&\quad \rho_l\frac{K_{lhi+1}^{k+1}-K_{lhi-1}^{k+1}}{2\Delta z}-S_i^{k+1}
\end{aligned}
\tag{5-48}
$$

经过合并整理后，式(5-48)可写为：

$$
a_i^1\theta_{i-1}^{k+1}+b_i^1\theta_i^{k+1}+c_i^1\theta_{i+1}^{k+1}+d_i^1T_{i-1}^{k+1}+e_i^1T_i^{k+1}+f_i^1T_{i+1}^{k+1}+g_i^1P_{ai-1}^{k+1}+h_i^1P_{ai}^{k+1}+I_i^1P_{ai+1}^{k+1}=w_i^1 \tag{5-49}
$$

其中：

$$
a_i^1=\frac{\Delta t}{(\Delta z)^2}D_{\theta mi-1/2}^{k+1} \tag{5-49a}
$$

$$
b_i^1=-\frac{\Delta t}{(\Delta z)^2}\left(D_{\theta mi+1/2}^{k+1}+\frac{\Delta t}{(\Delta z)^2}D_{\theta mi-1/2}^{k+1}\right)-C_{\theta mi}^{k+1} \tag{5-49b}
$$

$$
c_i^1=\frac{\Delta t}{(\Delta z)^2}D_{\theta mi+1/2}^{k+1} \tag{5-49c}
$$

$$
d_i^1=\frac{\Delta t}{(\Delta z)^2}D_{Tmi-1/2}^{k+1} \tag{5-49d}
$$

$$
e_i^1=-\frac{\Delta t}{(\Delta z)^2}(D_{Tmi+1/2}^{k+1}+D_{Tmi-1/2}^{k+1})-C_{Tmi}^{k+1} \tag{5-49e}
$$

$$f_i^1=\frac{\Delta t}{(\Delta z)^2}D_{\mathrm{Tm}i+1/2}^{k+1} \tag{5-49f}$$

$$g_i^1=\frac{\Delta t}{(\Delta z)^2}D_{\mathrm{Pm}i-1/2}^{k+1} \tag{5-49g}$$

$$h_i^1=-\frac{\Delta t}{(\Delta z)^2}(D_{\mathrm{Pm}i+1/2}^{k+1}+D_{\mathrm{Pm}i-1/2}^{k+1}) \tag{5-49h}$$

$$I_i^1=\frac{\Delta t}{(\Delta z)^2}D_{\mathrm{Pm}i+1/2}^{k+1} \tag{5-49i}$$

$$w_i^1=\left(S_i^{k+1}-\rho_l\frac{K_{\mathrm{lh}i+1}^{k+1}-K_{\mathrm{lh}i-1}^{k+1}}{2\Delta z}\right)\Delta t-C_{\theta\mathrm{m}i}^{k+1}\theta_i^k-C_{\mathrm{Tm}i}^{k+1}T_i^k \tag{5-49j}$$

对方程(5-38)具体离散化过程如下：

$$\begin{aligned}&C_{\theta ai}^{k+1}\frac{\theta_i^{k+1}-\theta_i^k}{\Delta t}+C_{\mathrm{T}ai}^{k+1}\frac{T_i^{k+1}-T_i^k}{\Delta t}+C_{\mathrm{p}ai}^{k+1}\frac{P_{ai}^{k+1}-P_{ai}^k}{\Delta t}\\&=\frac{D_{\theta ai+1/2}^{k+1}(\theta_{i+1}^{k+1}-\theta_i^{k+1})-D_{\theta ai-1/2}^{k+1}(\theta_i^{k+1}-\theta_{i-1}^{k+1})}{(\Delta z)^2}+\\&\frac{D_{\mathrm{T}ai+1/2}^{k+1}(T_{i+1}^{k+1}-T_i^{k+1})-D_{\mathrm{T}ai-1/2}^{k+1}(T_i^{k+1}-T_{i-1}^{k+1})}{(\Delta z)^2}+\\&\frac{D_{\mathrm{P}ai+1/2}^{k+1}(P_{ai+1}^{k+1}-P_{ai}^{k+1})-D_{\mathrm{P}ai-1/2}^{k+1}(P_{ai}^{k+1}-P_{ai-1}^{k+1})}{(\Delta z)^2}+\\&D_{\mathrm{K}ai}^{k+1}\frac{K_{\mathrm{lh}i+1}^{k+1}-K_{\mathrm{lh}i-1}^{k+1}}{2\Delta z}\end{aligned} \tag{5-50}$$

经过合并整理后，式(5-50)可写为：

$$a_i^2\theta_{i-1}^{k+1}+b_i^2\theta_i^{k+1}+c_i^2\theta_{i+1}^{k+1}+d_i^2T_{i-1}^{k+1}+e_i^2T_i^{k+1}+f_i^2T_{i+1}^{k+1}+g_i^2P_{ai-1}^{k+1}+h_i^2P_{ai}^{k+1}+I_i^2P_{ai+1}^{k+1}=w_i^1 \tag{5-51}$$

其中：

$$a_i^2=\frac{\Delta t}{(\Delta z)^2}D_{\theta ai-1/2}^{k+1} \tag{5-51a}$$

$$b_i^2=-\frac{\Delta t}{(\Delta z)^2}\left(D_{\theta ai+1/2}^{k+1}+\frac{\Delta t}{(\Delta z)^2}D_{\theta ai-1/2}^{k+1}\right)-C_{\theta ai}^{k+1} \tag{5-51b}$$

$$c_i^2=\frac{\Delta t}{(\Delta z)^2}D_{\theta ai+1/2}^{k+1} \tag{5-51c}$$

$$d_i^2=\frac{\Delta t}{(\Delta z)^2}D_{\mathrm{T}ai-1/2}^{k+1} \tag{5-51d}$$

$$e_i^2=-\frac{\Delta t}{(\Delta z)^2}(D_{\mathrm{T}ai+1/2}^{k+1}+D_{\mathrm{T}ai-1/2}^{k+1})-C_{\mathrm{T}ai}^{k+1} \tag{5-51e}$$

$$f_i^2=\frac{\Delta t}{(\Delta z)^2}D_{\mathrm{T}ai+1/2}^{k+1} \tag{5-51f}$$

$$g_i^2=\frac{\Delta t}{(\Delta z)^2}D_{\mathrm{P}ai-1/2}^{k+1} \tag{5-51g}$$

$$h_i^2=-\frac{\Delta t}{(\Delta z)^2}(D_{\mathrm{Pm}i+1/2}^{k+1}+D_{\mathrm{Pm}i-1/2}^{k+1})-C_{\mathrm{P}ai}^{k+1} \tag{5-51h}$$

$$I_i^2=\frac{\Delta t}{(\Delta z)^2}D_{\mathrm{P}ai+1/2}^{k+1} \tag{5-51i}$$

$$w_i^2 = -D_{Kai}^{k+1}\frac{K_{lhi+1}^{k+1}-K_{lhi-1}^{k+1}}{2\Delta z}\Delta t - C_{\theta ai}^{k+1}\theta_i^k - C_{Tai}^{k+1}T_i^k - C_{Pai}^{k+1}P_{ai}^k \tag{5-51j}$$

对方程(5-39)具体离散化过程如下：

$$\begin{aligned}C_{\theta hi}^{k+1}\frac{\theta_i^{k+1}-\theta_i^k}{\Delta t}+C_{Thi}^{k+1}\frac{T_i^{k+1}-T_i^k}{\Delta t} &= \frac{D_{\theta hi+1/2}^{k+1}(\theta_{i+1}^{k+1}-\theta_i^{k+1})-D_{\theta hi-1/2}^{k+1}(\theta_i^{k+1}-\theta_{i-1}^{k+1})}{(\Delta z)^2}\\ &+\frac{D_{Thi+1/2}^{k+1}(T_{i+1}^{k+1}-T_i^{k+1})-D_{Thi-1/2}^{k+1}(T_i^{k+1}-T_{i-1}^{k+1})}{(\Delta z)^2}\\ &+\frac{D_{Phi+1/2}^{k+1}(P_{ai+1}^{k+1}-P_{ai}^{k+1})-D_{Phi-1/2}^{k+1}(P_{ai}^{k+1}-P_{ai-1}^{k+1})}{(\Delta z)^2}\\ &+D_{Khi}^{k+1}\frac{K_{lhi+1}^{k+1}-K_{lhi-1}^{k+1}}{2\Delta z}+D_{Ti}^{k+1}\frac{T_{i+1}^{k+1}-T_{i-1}^{k+1}}{2\Delta z}+S_{hi}^{k+1}T_i^{k+1}\end{aligned} \tag{5-52}$$

经合并整理，式(5-52)可写为：

$$a_i^3\theta_{i-1}^{k+1}+b_i^3\theta_i^{k+1}+c_i^3\theta_{i+1}^{k+1}+d_i^3T_{i-1}^{k+1}+e_i^3T_i^{k+1}+f_i^3T_{i+1}^{k+1}+g_i^3P_{ai-1}^{k+1}+h_i^3P_{ai}^{k+1}+I_i^3P_{ai+1}^{k+1}=w_i^1 \tag{5-53}$$

其中：

$$a_i^3=\frac{\Delta t}{(\Delta z)^2}D_{\theta hi-1/2}^{k+1} \tag{5-53a}$$

$$b_i^3=-\frac{\Delta t}{(\Delta z)^2}\left(D_{\theta ai+1/2}^{k+1}+\frac{\Delta t}{(\Delta z)^2}D_{\theta ai-1/2}^{k+1}\right)-C_{\theta hi}^{k+1} \tag{5-53b}$$

$$c_i^3=\frac{\Delta t}{(\Delta z)^2}D_{\theta hi+1/2}^{k+1} \tag{5-53c}$$

$$d_i^3=\frac{\Delta t}{(\Delta z)^2}D_{Thi-1/2}^{k+1}-\frac{\Delta t}{2\Delta z}D_{Ti}^{k+1} \tag{5-53d}$$

$$e_i^3=-\frac{\Delta t}{(\Delta z)^2}(D_{Thi+1/2}^{k+1}+D_{Thi-1/2}^{k+1})-C_{Thi}^{k+1}+\Delta tS_{hi}^{k+1} \tag{5-53e}$$

$$f_i^3=\frac{\Delta t}{(\Delta z)^2}D_{Thi+1/2}^{k+1}+\frac{\Delta t}{2\Delta z}D_{Ti}^{k+1} \tag{5-53f}$$

$$g_i^3=\frac{\Delta t}{(\Delta z)^2}D_{Phi-1/2}^{k+1} \tag{5-53g}$$

$$h_i^3=-\frac{\Delta t}{(\Delta z)^2}(D_{Phi+1/2}^{k+1}+D_{Phi-1/2}^{k+1}) \tag{5-53h}$$

$$I_i^3=\frac{\Delta t}{(\Delta z)^2}D_{Phi+1/2}^{k+1} \tag{5-53i}$$

$$w_i^3=-D_{Khi}^{k+1}\frac{K_{lhi+1}^{k+1}-K_{lhi-1}^{k+1}}{2\Delta z}\Delta t-C_{\theta hi}^{k+1}\theta_i^k-C_{Thi}^{k+1}T_i^k \tag{5-53j}$$

简化形式的式(5-49)、式(5-51)和式(5-53)可以写成矩阵形式：

$$\mathbf{AX}=\mathbf{B} \tag{5-54}$$

其中：

$$\mathbf{A}=\begin{bmatrix}a_i^1 & b_i^1 & c_i^1 & d_i^1 & e_i^1 & f_i^1 & g_i^1 & h_i^1 & I_i^1\\ a_i^2 & b_i^2 & c_i^2 & d_i^2 & e_i^2 & f_i^2 & g_i^2 & h_i^2 & I_i^2\\ a_i^3 & b_i^3 & c_i^3 & d_i^3 & e_i^3 & f_i^3 & g_i^3 & h_i^3 & I_i^3\end{bmatrix},\mathbf{B}=\begin{bmatrix}w_i^1\\ w_i^2\\ w_i^2\end{bmatrix} \tag{5-55}$$

$$\mathbf{X}=[\theta_{i-1}^{k+1}\quad \theta_i^{k+1}\quad \theta_{i+1}^{k+1}\quad T_{i-1}^{k+1}\quad T_i^{k+1}\quad T_{i+1}^{k+1}\quad P_{ai-1}^{k+1}\quad P_{ai}^{k+1}\quad P_{ai+1}^{k+1}]^T \tag{5-56}$$

其矩阵形式展开如下：

$$
\begin{bmatrix}
b_1^1 & c_1^1 & & & & e_1^1 & f_1^1 & & & & g_1^1 & h_1^1 & & & \\
a_2^1 & b_2^1 & c_2^1 & & & d_2^1 & e_2^1 & f_2^1 & & & g_2^1 & h_2^1 & I_2^1 & & \\
 & \ddots & \ddots & & & & \ddots & \ddots & & & & \ddots & \ddots & & \\
 & & a_{n21}^1 & b_{n-2}^1 & c_{n-2}^1 & & & d_{n-2}^1 & e_{n-2}^1 & f_{n-2}^1 & & & g_{n-2}^1 & h_{n-2}^1 & I_{n-2}^1 \\
 & & & a_{n-1}^1 & b_{n-1}^1 & & & & d_{n-1}^1 & e_{n-1}^1 & & & & g_{n-1}^1 & h_{n-1}^1 \\
b_1^2 & c_1^2 & & & & e_1^2 & f_1^2 & & & & g_1^2 & h_1^2 & & & \\
a_2^2 & b_2^2 & c_2^2 & & & d_2^2 & e_2^2 & f_2^2 & & & g_2^2 & h_2^2 & I_2^2 & & \\
 & \ddots & \ddots & & & & \ddots & \ddots & & & & \ddots & \ddots & & \cdots \\
 & & a_{n-2}^2 & b_{n-2}^2 & c_{n-2}^2 & & & d_{n-2}^2 & e_{n-2}^2 & f_{n-2}^2 & & & g_{n-2}^2 & h_{n-2}^2 & I_{n-2}^2 \\
 & & & a_{n-1}^2 & b_{n-1}^2 & & & & d_{n-1}^2 & e_{n-1}^2 & & & & g_{n-1}^2 & h_{n=1}^2 \\
b_1^3 & c_1^3 & & & & e_1^3 & f_1^3 & & & & g_1^3 & h_1^3 & & & \\
a_2^3 & b_2^3 & c_2^3 & & & d_2^3 & e_2^3 & f_2^3 & & & g_2^3 & h_2^3 & I_2^3 & & \\
 & \ddots & \ddots & & & \ddots & \ddots & \ddots & & & & \ddots & \ddots & & \\
 & & a_{n-2}^3 & b_{n-2}^3 & c_{n-2}^3 & & & d_{n-2}^3 & e_{n-2}^3 & f_{n-2}^3 & & & g_{n-2}^3 & h_{n-2}^3 & I_{n-2}^3 \\
 & & & a_{n-1}^3 & b_{n-1}^3 & & & & d_{n-1}^3 & e_{n-1}^3 & & & & g_{n-1}^3 & h_{n=1}^3
\end{bmatrix}
\begin{bmatrix}
\theta_1 \\ \theta_2 \\ \vdots \\ \theta_{n-2} \\ \theta_{n-1} \\ T_1 \\ T_2 \\ \vdots \\ T_{n-2} \\ T_{n-1} \\ P_{a1} \\ P_{a1} \\ \vdots \\ P_{an-2} \\ P_{an-1}
\end{bmatrix}
=
\begin{bmatrix}
w_1^1 \\ w_2^1 \\ \vdots \\ w_{n-2}^1 \\ w_{n-1}^1 \\ w_1^2 \\ w_2^2 \\ \vdots \\ w_{n-2}^2 \\ w_{n-1}^2 \\ w_1^3 \\ w_2^3 \\ \vdots \\ w_{n-2}^3 \\ w_{n-1}^3
\end{bmatrix}
\tag{5-57}
$$

以上方程组共有 $3n-3$ 个方程,边界条件可以得到 6 个方程,那么就能得到 $3n+3$ 个方程,构成了一个三对角型方程组,其中包含 $3n+3$ 个变量,在确定有关参数后,可以采用"追赶法"求解。

5.4 模型验证

Milly(1982)文章中 example 3 是研究干燥土柱水热耦合运移,可用于验证本研究所建立的包气带水-汽-气-热耦合运移模型。

Milly 数值试验设计如下,试验选取 10 cm 长的极干燥的土柱,其温度和基质势处于平衡状况。试验不考虑土壤空气的流动,土柱一端密闭,在另一端土壤增加水汽的浓度,并土柱温度保持不变。水汽会在土柱里扩散、凝结和释放热量,最后当热量从土柱扩散出去后,土壤温度又回到原值。这个试验使用 Philip 和 de Vries(1957)文中的水汽扩散公式求解,试验忽略了水汽的显热传输和液态水流。为了实现这个试验,在土柱一端增加干扰,以便能捕捉到在极干燥土壤中水汽和热量的传输过程。试验的时间为 500 s,初始条件和边界条件如下:

$$\rho_v=\rho^* \qquad t=0, 0\leqslant z\leqslant 10\ \text{cm} \tag{5-58}$$

$$T=T^* \qquad t=0, 0\leqslant z\leqslant 10\ \text{cm} \tag{5-59}$$

$$\rho_v=\rho^*+\Delta\rho \qquad t>0, z=0\ \text{cm} \tag{5-60}$$

$$T=T^* \qquad t>0, z=0\ \text{cm} \tag{5-61}$$

$$\frac{\partial\rho_v}{\partial z}=0 \qquad t>0, z=10\ \text{cm} \tag{5-62}$$

$$\frac{\partial T}{\partial z}=0 \qquad t>0, z=10\ \text{cm} \tag{5-63}$$

式中,“ * ”代表土柱的原始值;$\rho^*=4.03\times10^{-6}$ g/cm³;$\Delta\rho=0.63\times10^{-6}$ g/cm³;$T^*=20$ ℃。注意,由于土柱极为干燥,该试验忽略了液态水。

图 5-2 为本书包气带水-汽-气-热运移模型结果与 Milly 数值试验结果对比,二者结果较为吻合。由图 5-2a 看出,当给土柱表面增加水汽密度后,土柱中的温度随时间和深度均发生了变化。增加水汽密度,表层的温度显著增加,其响应较快,土柱深层没有变化。随着时间的推移,温度沿土柱剖面迅速传递,使土柱下层的温度升高,其增加幅度也比较大;此时上层土壤温度开始回落,最后整个剖面恢复其原始温度。从图 5-2b 可以看出不同时间的水汽密度沿土柱深度变化,土柱的水汽随时间逐渐向土柱底部扩散,最后土柱中水汽密度达到平衡,此过程伴随着温度的传输。由此得知,本书新构建的包气带水-汽-气-热运移模型能够重现 Milly 文章中试验过程,证实了新模型能够描述干燥土壤中水汽运移过程。

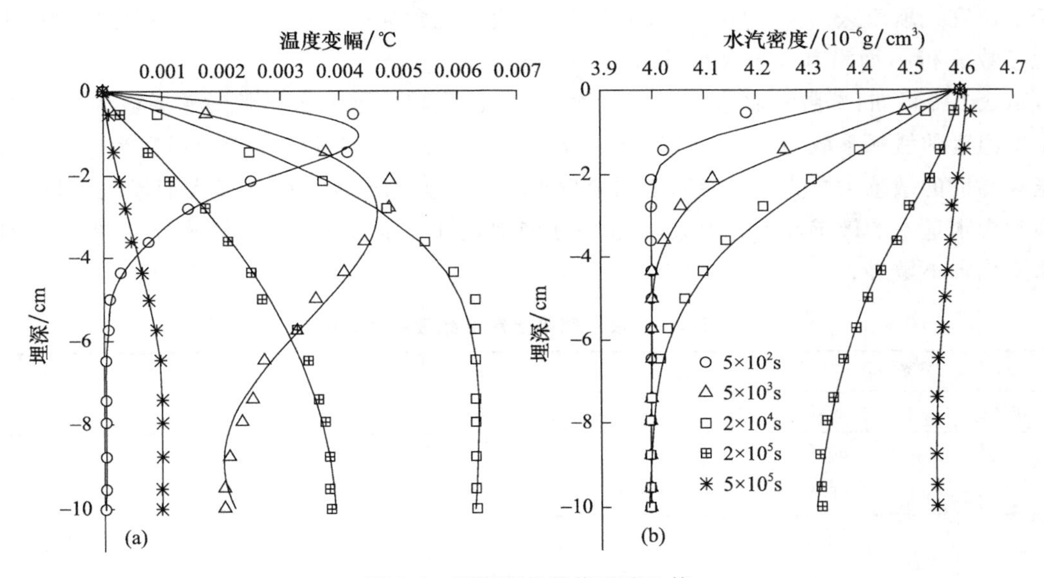

图 5-2　两模型的数值试验比较

(点:Milly 模型;线:包气带水-汽-气-热运移模型)

本小节的数值试验验证为本书第 6 章运用新模型估算潜水蒸发提供了模型应用的可行性。在第 6 章将根据野外实际观测数据,对新建模型进行标定,与 Saito 模型、地下水波动法和水热平衡法的结果进行比较。

5.5　模型敏感性分析

参数是模型输入非常重要信息,直接影响模型验证、率定及模拟结果的可靠性。由于模型中输入的参数较多,模型对每个参数的影响程度不同,运行模型时调参是一项非常繁重而必须的事情。为了提高模型模拟精度和提高调参效率,需对模型的输入参数做敏感性分析。本节根据模型结构,以土壤含水量和土壤温度为敏感性分析对象,选取饱和含水量 θ_s,饱和水力传导度 K_s、水分特征曲线中的参数 n 和 α 及边界条件参数对模型进行敏感性分析。根据研究区的包气带状况边界条件,边界条件输入主要是地表辐射 R_a 和地下水位(ground water level,GWL)。

由于模型是多参数共同作用的结果,对某个参数进行敏感性分析中,需要对该参数做一定幅度变化,而其他参数保持不变,将计算结果与原始结果进行对比分析。为了对比各参数之间的敏感性,采用相对敏感系数表示,如下式:

$$S=\frac{\Delta y/y_0}{\Delta x/x_0} \tag{5-64}$$

式中,S 为相对敏感系数[—];y_0 为自变量(模型输出)原值,如土壤含水量、温度;Δy 为自变量变化量;x_0 为因变量(模型参数)的原值;Δx 为因变量变幅。

5.5.1 土壤水热参数敏感性分析

土壤水运动参数是模型中重要的参数,影响着含水量与水势的关系、还影响热量的传输,由于本研究选取改进的 van Genutchen 模型,该模型包含饱和含水量 θ_s,饱和水力传导度 K_s、经验参数 n 和 α,而没有残余含水量 θ_r。

从表 5-1 可知,参数 θ_s 取值 0.4,当 θ_s 增大 50%,模型土壤含水量的敏感系数为 0.492,模型土壤温度的敏感系数为 0.015;当 θ_s 减小 50%时,模型土壤含水量的敏感系数为−0.464;模型土壤温度的敏感系数为−0.015,说明模型土壤含水量和温度均随 θ_s 增大而增大,但是二者对饱和含水量 θ_s 的敏感性差异很大,模型含水量对饱和含水量 θ_s 变化很敏感,而模型土壤温度对 θ_s 变化则不敏感。

表 5-1 荒漠包气带水热参数敏感性分析

参数		θ_s	α	n	K_s/(cm/d)
原值	变幅	0.4	0.025	3.0	1000
S_θ	50%	0.492	−0.370	−1.446	−0.144
	−50%	−0.464	0.751	1.709	0.115
S_T	50%	0.015	0.018	0.007	−0.001
	−50%	−0.015	−0.013	−0.015	0.001

对于经验参数 α,取值为 0.025。当 α 增大 50%时,模型土壤含水量的敏感系数为−0.370,模型土壤温度的敏感系数为 0.018。当 α 减小 50%时,模型土壤含水量的敏感系数为 0.751,模型土壤温度的敏感系数为−0.013。说明模型含水量随着 α 的增大而减小;而模型土壤温度随着 α 的增大而增大。经比较,模型土壤含水量对 α 的敏感性更为显著,而模型土壤含水量对 α 的变化不敏感。

对于经验参数 n,对模型的影响与参数 α 比较类似,模型含水量随着 n 增大而减小,而且敏感系数超过了 1,说明模型含水量对参数 n 的变化十分敏感。而模型土壤温度随着 n 增加而增大,敏感系数很小,说明土壤温度对参数 n 的变化仍然不敏感。

对于饱和水力传导度 K_s,取值为 1000 cm/d。当 K_s 增大 50%时,模型土壤含水量的敏感系数为−0.144,模型土壤温度的敏感系数为 0.115。当 K_s 减小 50%时,模型土壤含水量的敏感系数为−0.001,模型土壤温度的敏感系数为 0.001。因此,模型含水量和土壤温度随着 K_s 的增大而减小;但模型土壤含水量对 K_s 的变化比较敏感,而模型土壤温度对 K_s 的变化不敏感。

综上所述，模型土壤含水量变化对参数变化远比土壤温度对参数变化敏感。对于土壤含水量，参数敏感性排序为 $n>\alpha>\theta_s>K_s$，土壤含水量均随 n,α,K_s 的增加而减小。模型土壤温度对这几个参数的变化表现均不敏感。

5.5.2 模型边界条件敏感性分析

边界条件变化会影响模型计算结果，分析边界条件的敏感性，需根据选取的边界条件而定。根据研究区包气带状况，模型上边界条件以蒸发率作为上边界约束条件，在干旱区，辐射是影响蒸发的重要因素；而模型下边界条件为地下水位，选择辐射和地下水位作为模型边界条件敏感性参数。

表 5-2　模型边界条件敏感性分析

参数		地下水位 GWL/cm	地表辐射 R_a/(MJ/m·d)
原值	变幅	10	20
S_θ	50%	0.040	0.001
	−50%	−0.079	−0.000
S_T	50%	−0.001	0.008
	−50%	0.001	−0.009

从表 5-2 可知，模型土壤含水量随地下水位增大而增大，而模型土壤温度随地下水位增大而减小，但二者对地下水位变化均表现不敏感。在模拟过程发现，地下水位变化对模型的影响沿剖面随着埋深减小而减小，对液态水运动的影响范围主要集中在包气带底部。

模型土壤含水量和温度均随着地表辐射 R_a 增大而增大，表现同样不敏感，可能因为极端旱区蒸发力太大，蒸发能力较小变化改变不了模型蒸发约束条件状况。

由上述分析知，模型含水量对土壤水热参数变化比较敏感，而土壤温度对水热参数和边界条件变化表现均不敏感。

第 6 章　额济纳三角洲戈壁带与河岸带潜水蒸发估算

潜水蒸发是指包气带以下饱和土壤水分(地下水)的蒸发,地下水借助土壤毛管力的作用向包气带输入水分,通过土壤水蒸发/植物腾发的方式进入大气的过程(尚松浩和毛晓敏,2010)。由于土壤蒸发、植物蒸腾、土壤温度等因素均对地下水向上补给包气带水有影响,所以潜水蒸发估算也一直是研究的热点和难点。在长期的研究和实际应用中,研究出了很多研究方法,如试验观测法、经验公式法、机理分析法和数值模拟法,各方法各有优缺点并存发展(张蔚榛和张瑜芳,1981)。本研究运用新构建的包气带水-汽-气-热运移模型(以下简称"新模型")计算戈壁带和河岸带的生长旺季(5—7 月)的潜水蒸发,然后与基于观测的地下水位波动法和水热平衡法估算的结果做比较分析。

6.1　基于包气带水-汽-气-热运移模型的潜水蒸发估算

根据包气带水分运动和能量平衡理论,建立包气带水分运动模型,由实验确定参数,以数值计算为工具来模拟土壤蒸发过程,并用实测数据来验证模型的可靠性,用以估算潜水蒸发。本节使用第 4 章建立的包气带水-汽-气-热运移模型来计算额济纳三角洲戈壁带、河岸带观测试验点的潜水蒸发。

6.1.1　边界条件设定

为了将新模型应用到野外试验中计算潜水蒸发,必须确定野外包气带的初始条件和边界条件。第 3 章 3.2 节已经详细介绍了研究区的试验布置情况。由于降水稀少,地表无积水,故上边界条件设定为降水与蒸发的差值,如下:

$$-D_{\theta\mathrm{m}}\frac{\partial\theta}{\partial z}\bigg|_{z=0}-D_{\mathrm{Tm}}\frac{\partial T}{\partial z}\bigg|_{z=0}-D_{\mathrm{Pm}}\frac{\partial P_a}{\partial z}\bigg|_{z=0}-\rho_1 K_{\mathrm{lh}}\big|_{z=0}=\rho_1(E-P) \tag{6-1}$$

式中,E 为蒸发通量(m/s);P 为降水(m/s)。蒸发通量 E 由 FAO Penman-Monteith 计算方程提供:

$$ET_0=\frac{0.408\Delta(R_{\mathrm{n}}-G)+\gamma\dfrac{900}{T_{\mathrm{mean}}+273}u_2(e_{\mathrm{s}}-e_{\mathrm{a}})}{\Delta+\gamma(1+0.34u_2)} \tag{6-2}$$

式中,R_{n}为净辐射(MJ/(m^2 · d));G 为土壤热通量 (MJ/(m^2 · d));T_{mean}为 2m 高度的气温(℃);u_2为 2 m 高度的风速(m/s);e_{s}为饱和水汽压(kPa);e_{a}为实际水汽压(kPa);Δ 为水汽压曲线变率(kPa/℃);γ 为湿度计算常数(kPa/℃)。

另外,由于地表无积水,与大气自由接触,观测的大气压强可作为土壤空气流动方程的地表边界条件,地表温度作为土壤热量平衡的地表条件。

对于下边界条件,将包气带厚度设置超过地下水埋深,使下边界位置淹没在地下水位下面,下边界土壤始终处于饱和状态。下边界温度使用地下水观测中的实际观测值。由于土壤饱和,无土壤空气。

6.1.2　模型标定

为便于与 Saito 模型结果做比较，模型标定的时间选为 2014 年 6 月 1—15 日。从图 6-1 可知，本研究构建的新模型能很好地再现不同深度的土壤温度观测。埋深 20 cm 处的温度模拟结果表现最好，因为表层土壤温度受地表温度影响密切，土壤含水量极低，土壤空气对热量的传输作用相对较大，而新模型考虑了土壤空气对温度的传输作用，能较好地捕捉到该处温度的变化。而对于其他层的温度，新模型比 Saito 模型表现略好，由于埋深 150 cm 以下的土壤温度变化的幅度很小，在标定期内土壤温度呈直线上升，模型也只能模拟出上升的趋势。

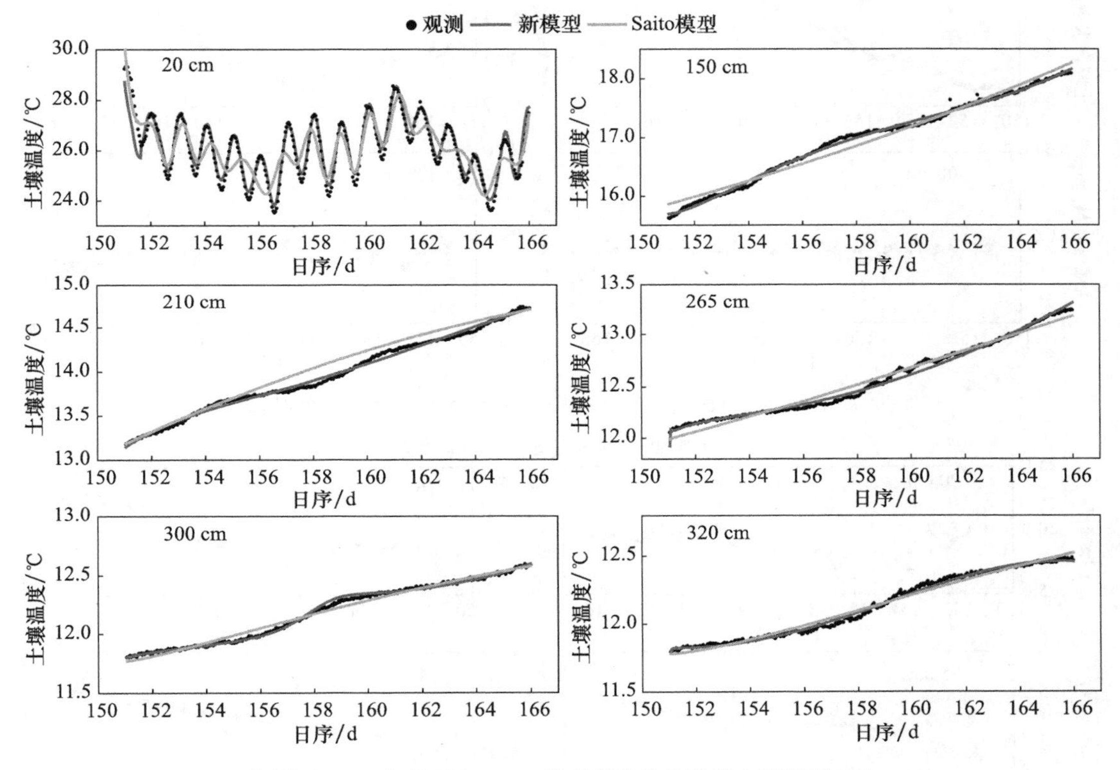

［彩］图 6-1　新模型与 Saito 模型模拟的戈壁带土壤温度对比

图 6-2 为新模型与 Saito 模型对戈壁带实测土壤水分的模拟结果比较。总体来看，新模型比 Saito 模型表现较好，对于表层土壤水分，新模型虽然不能完全吻合，但是能捕捉到表层土壤水分的波峰变化。对于 265 cm，300 cm 和 320 cm 深度的土壤水分，新模型表现不是很好；由于底层土壤靠近地下水，毛管水能够上升到 300 cm 这个高度，使土壤水分含量比较大，而且变化较小，模型对水分的识别精度还达不到底层土壤水分日变幅。

图 6-3 为新模型与 Saito 模型对河岸带实测土壤温度的模拟结果比较，可以看出，对于表层土壤，新模型与土壤温度观测几乎完全吻合，而 Saito 模型只能捕捉变化的趋势，这是新模型考虑了土壤空气的对水汽传输的影响结果，水汽的传输过程也会影响温度的变化，在第 5 章 5.4 节中也介绍了水汽的扩散能显著影响土壤温度的变化。而对于其他埋深的土层，新模型和 Saito 模型的土壤温度模拟结果差别不大，均能模拟出土壤温度的变化。

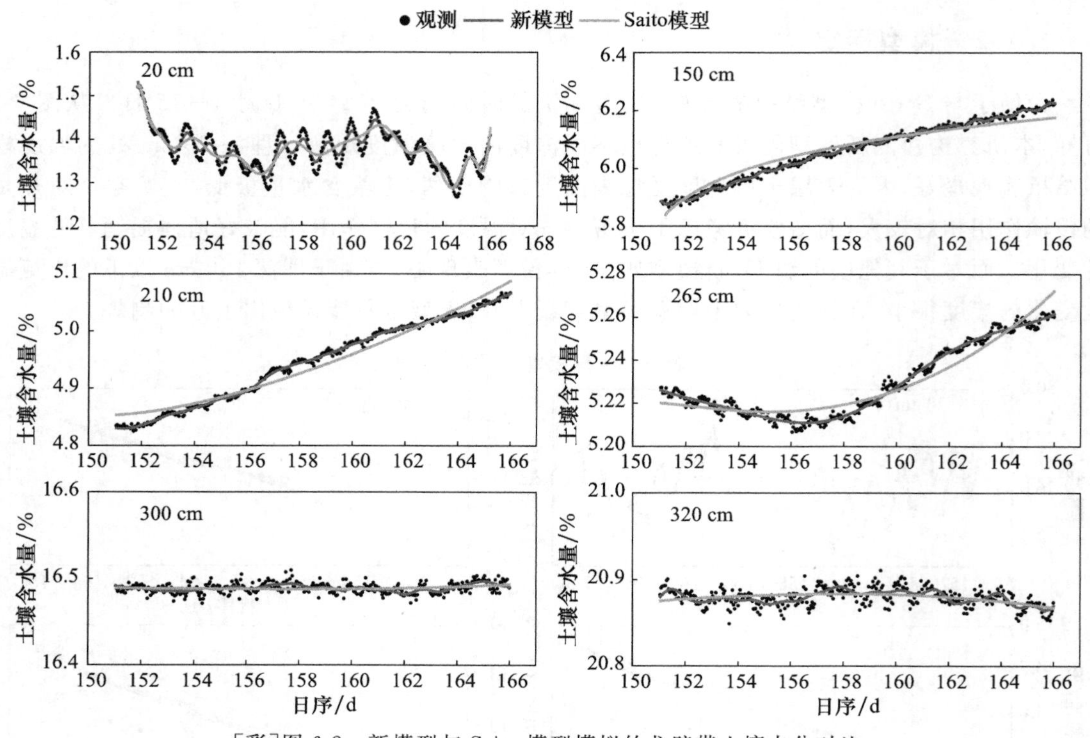

[彩]图 6-2 新模型与 Saito 模型模拟的戈壁带土壤水分对比

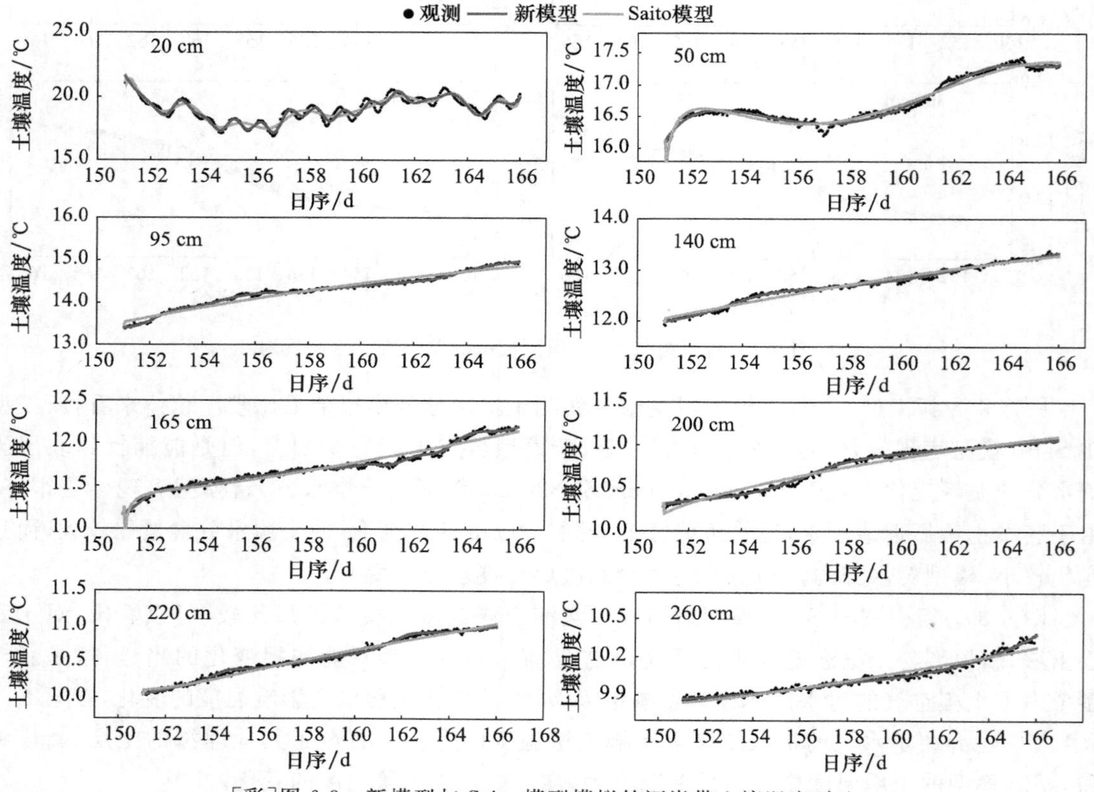

[彩]图 6-3 新模型与 Saito 模型模拟的河岸带土壤温度对比

从图 6-4 看出，新模型和 Saito 模型对河岸带各层土壤温度的模型差异还是主要体现在土壤表层，新模型能较好地模拟表层土壤温度的变化趋势和变化幅度。对于其他土壤层，两个模型对土壤温度的模拟结果差别甚小。特别是 140 cm 深度，土壤均为黏土与砂土的交界面，土壤水分含量小，且变化微弱；新模型对这样的土壤水分处理效果较差，具体原因有待进一步分析。而 260 cm 深度的土壤靠近地下水位，土壤含水量大，变化比较小，新模型只能模拟出具有相应变幅的水分变化，但是其波峰波谷的变化不是完全同步。

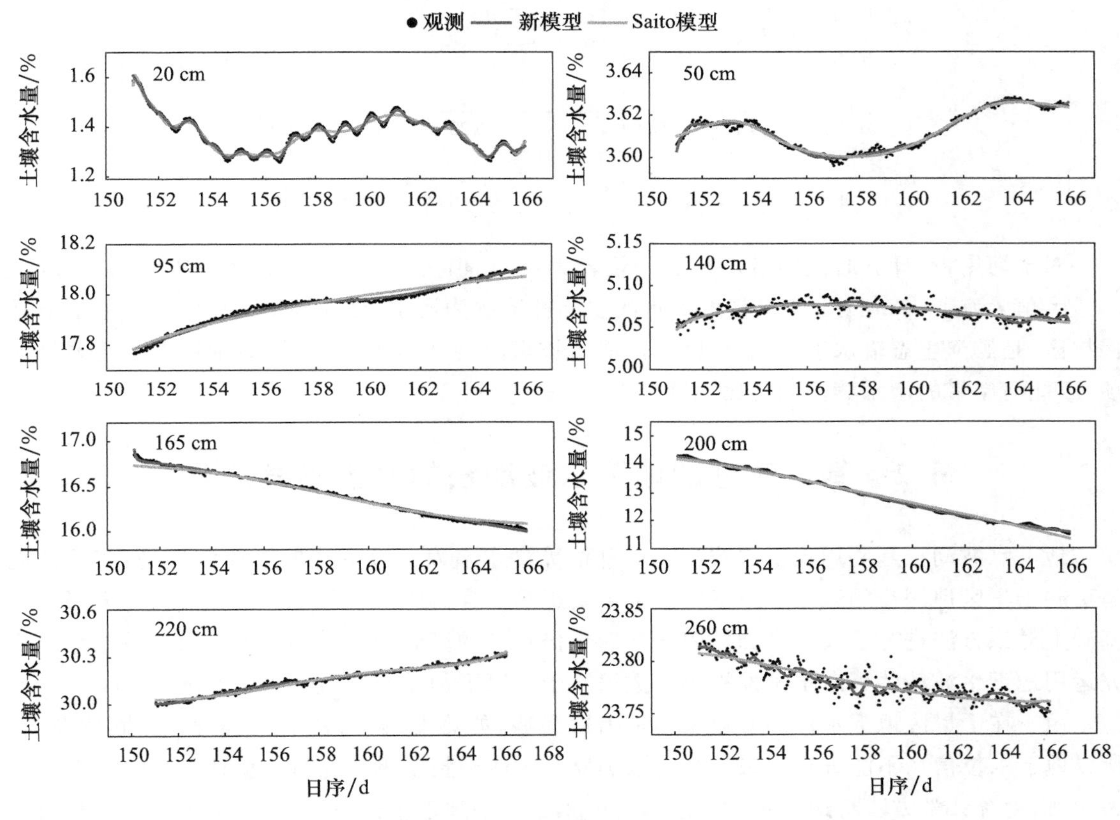

［彩］图 6-4　新模型与 Saito 模型模拟的河岸带土壤水分对比

6.1.3　估算结果

地下水波动法计算尺度为日尺度，为了与地下水波动法计算结果相比较，基于包气带水-汽-气-热模型估算的潜水蒸发按照日尺度进行计算。根据河岸带与戈壁带试验观测数据序列，2014 年 5 月 1 日—7 月 31 日为计算时段。

基于新模型计算的河岸带与戈壁带的潜水蒸发变化如图 6-5 所示。从图 6-5 中可以看出，在计算时段内，戈壁带的潜水蒸发变幅较小，平均值为 0.31 mm/d，最小蒸发量为 0.21 mm/d，最大蒸发量为 0.45 mm/d。戈壁带地下水的补给源为河水，由于一年中河道过水期很短，戈壁带试验点距离额济纳东、西河约 15～20 km，河水补给地下水速率较慢，戈壁带的补给水源变化相对稳定；而蒸发能力也相对稳定，包气带厚且结构复杂，因此戈壁带的潜水蒸发变化比较稳定。

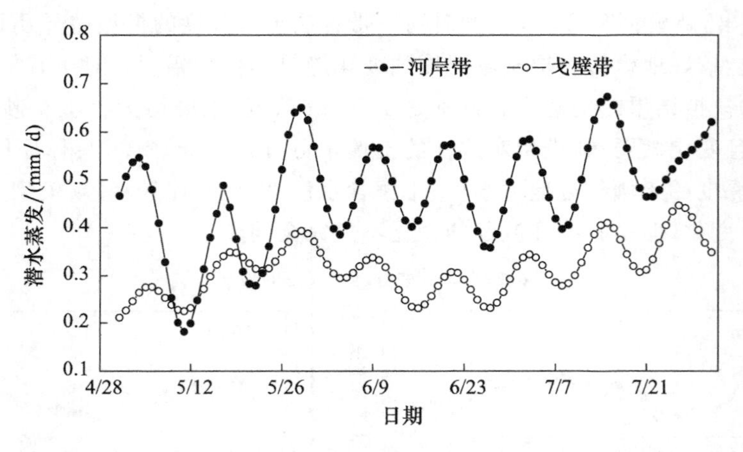

图 6-5　基于包气带水-汽-气-热运移模型的潜水蒸发估算

对于河岸带，计算时段内潜水蒸发变幅较大，平均值为 0.47 mm/d，最小值为 0.18 mm/d，最大值为 0.67 mm/d。河岸带地下水的主要补给源为河水，处在额济纳东河下游的胡杨林保护区，是黑河生态输水重要水分补给区；而植被蒸腾消耗地下水，是该地带地下水主要排泄项，因此河岸带的潜水蒸发变化比戈壁带大。

6.2　基于改进的地下水波动法的潜水蒸发估算

地下水波动法是利用地下水位动态信息估算潜水蒸发。该方法的重要假设是：蒸发消耗是引起干旱区埋深浅的地下水位下降的最主要影响因素。团队成员王平研究员在前人研究的基础上对该方法进行了改进；同时，团队前期工作获得的高时间分辨率的地下水位数据为本研究运用地下水波动估算潜水蒸发提供了数据基础。以下简单介绍该方法的原理：

由于在干旱区地下水位的变化受多种因素影响，如蒸发、侧向补给、植被耗水、固体潮等，所以地下水位信息不能直接用来计算潜水蒸发。团队成员王平研究员根据地下水位动态影响因素，运动统计学方法将地下水位分解为各因素影响的地下水位，进而提取出由蒸发引起的地下水波动信息，然后进行计算潜水蒸发 Wang(2014)，该方法计算方便、行而有效，具体如下：

$$R(t) - ET(t) = \frac{\mathrm{d}}{\mathrm{d}t}\int_0^{Z_g(t)} \theta(Z,t)\mathrm{d}Z \tag{6-3}$$

式中，$R(t)$为补给速率(mm/d)；$ET(t)$为蒸发消耗速率(mm/d)；$Z_g(t)$为地下水位埋深(cm)；$\theta(Z,t)$为包气带剖面土壤含水量。对(6-3)做积分可得：

$$ET(t) - R(t) = S_y \frac{\mathrm{d}Z_g}{\mathrm{d}t} \tag{6-4}$$

式中，S_y为潜水含水层的给水度$(\theta_s - \theta)$。

地下水波动具有统计学特性，潜水蒸发可以写为：

$$ET(t) = [\overline{ET} + et(t)] f_y(t) f_d(t) \tag{6-5}$$

式中，$\overline{ET}$为多年平均潜水蒸发(mm)；$et(t)$为多年平均潜水蒸发的误差项，$f_y(t)$和 $f_d(t)$分别为潜水蒸发速率的年分布函数和日分布函数，可表达为：

$$f_{\mathrm{y}}(t) \geqslant 0, \frac{1}{T_{\mathrm{y}}} \int_{0}^{T_{\mathrm{y}}} f_{\mathrm{y}}(t) \mathrm{d}t = 1 \tag{6-6}$$

$$f_{\mathrm{d}}(t) \geqslant 0, \frac{1}{T_{\mathrm{d}}} \int_{0}^{T_{\mathrm{d}}} f_{\mathrm{d}}(t) \mathrm{d}t = 1 \tag{6-7}$$

式中，T_{y}为一年的时段长度；T_{d}为一天的时段长度。

根据地下水波动特征，可写为季节地下水位、日地下水位和其他因素造成的地下水位，表达为：

$$Z_{\mathrm{g}} = Z_{\mathrm{s}} + Z_{\mathrm{d}} + Z_{\mathrm{r}} \tag{6-8}$$

式中，Z_{g}为地下水埋深(cm)；Z_{s}为季节地下水埋深(cm)；Z_{d}为日波动地下水埋深(cm)；Z_{r}为残余项(cm)。

$$\overline{ET} f_{\mathrm{y}}(t) - R(t) = S_{\mathrm{y}} \frac{\mathrm{d}Z_{\mathrm{s}}}{\mathrm{d}t} \tag{6-9}$$

$$et(t) f_{\mathrm{y}}(t) = S_{\mathrm{y}} \frac{\mathrm{d}Z_{\mathrm{r}}}{\mathrm{d}t} \tag{6-10}$$

将式(6-9)和式(6-10)代入到式(6-5)中，联合式(6-4)，可以得到日波动的地下水位：

$$S_{\mathrm{y}} \frac{\mathrm{d}Z_{\mathrm{d}}}{\mathrm{d}t} = [\overline{ET} + et(t)] f_{\mathrm{y}}(t) [f_{\mathrm{d}}(t) - 1] \tag{6-11}$$

上式就是利用地下水位计算蒸发的公式，为了能够计算任意时段的蒸发 ET_{sp}，可以将年时段划分为任意时期。那么给定时期的蒸发公式可以写为：

$$\overline{ET} + et(t) \approx ET_{\mathrm{sp}} \tag{6-12}$$

$$S_{\mathrm{y}} \frac{\mathrm{d}Z_{\mathrm{d}}}{\mathrm{d}t} = ET_{\mathrm{sp}} [f_{\mathrm{d}}(t) - 1] \tag{6-13}$$

对式(6-13)计算时段进行积分，可得：

$$Z_{\mathrm{d}}(t) = Z_{\mathrm{d}}(0) + \frac{ET_{\mathrm{sp}}}{S_{\mathrm{y}}} \int_{0}^{t} [f_{\mathrm{d}}(\tau) - 1] \mathrm{d}\tau \tag{6-14}$$

对式(6-14)中的计算时段的地下水位埋深变化求标准偏差，可得：

$$\sigma_{\mathrm{d}} = \lambda \frac{ET_{\mathrm{sp}}}{S_{\mathrm{y}}} \tag{6-15}$$

式中，σ_{d}为计算时段的地下水位埋深日变化的标准偏差；λ 为蒸发日分布函数的标准偏差，即：

$$\lambda = \sqrt{\frac{1}{T_{\mathrm{d}}} \int_{0}^{T_{\mathrm{d}}} \left[\int_{0}^{t} [f_{\mathrm{d}}(\tau) - 1] \mathrm{d}\tau \right]^{2}} \tag{6-16}$$

式中，λ 中的 f_{d}可通过已有的计算公式获得，请参考文献 Wang 和 Pozdniakov(2014)、Fayer(2000)和 Liu 等(2005)。

地下水位埋深数据处理见 3.4 节，对戈壁带、河岸带的地下水位埋深数据处理结果见图 3-19 和图 3-20。含水层的给水度计算参照(Crosbie et al.,2005)：

$$S_{\mathrm{y}} = (\theta_{\mathrm{s}} - \theta_{\mathrm{r}}) - \frac{\theta_{\mathrm{s}} - \theta_{\mathrm{r}}}{\left[1 + \left(\alpha \left(\frac{Z_{\mathrm{i}} + Z_{\mathrm{f}}}{2} \right) \right)^{n} \right]^{1-\frac{1}{n}}} \tag{6-17}$$

式中，θ_{r}为土壤残余含水量($\mathrm{cm^3/cm^3}$)；Z_{i}为时段初始水位埋深(cm)；Z_{f}为时段末水位埋深(cm)；α 和 n 为 van Genutchen 水分特征曲线模型参数。

地下水位日波动分布函数 f_d 计算有多种方法（Wang et al.，2014），考虑上边界条件的变化，本书采用 Liu 等（2005）公式计算 f_d，公式如下：

$$f_d = \begin{cases} 0 & \text{夜晚时间} \\ \dfrac{\pi T_d}{2DL}\sin\left(\dfrac{\pi t_s}{DL}\right) & \text{白天时间} \end{cases} \tag{6-18}$$

式中，DL 为日照时数（h）；t_s 为日照时间。

利用地下水位日波动数据和式（6-14）估算潜水蒸发，结果如图 6-6 所示。计算时段内，戈壁带的潜水蒸发平均值为 0.38 mm/d，最小蒸发量为 0.20 mm/d，最大蒸发量为 0.60 mm/d，变化幅度较小。对于河岸带，地下水波动法估算的潜水蒸发，平均值为 0.67 mm/d，最小值为 0.22 mm/d，最大值为 1.10 mm/d，蒸发量变幅较大。

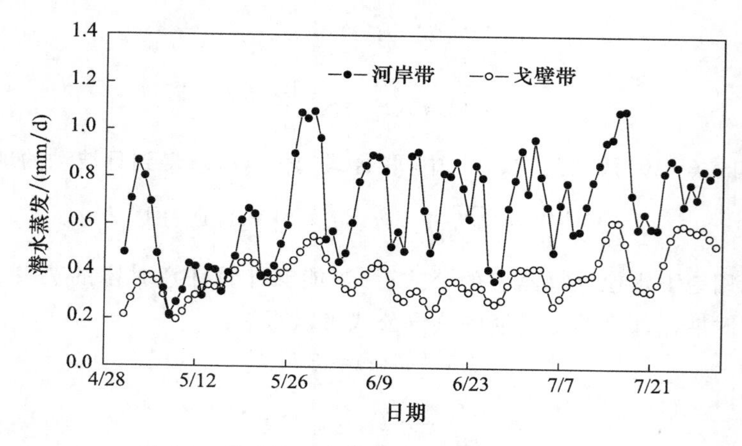

图 6-6 基于地下水位波动法的潜水蒸发估算

6.3 基于水热平衡法的潜水蒸发估算

由于额济纳三角洲降水稀少，多年平均降水小于 40 mm，无产流，气候干燥，蒸发力大。该区的补给水源主要来自黑河上游来水，通过河道补给地下水，而排泄项主要为蒸散发。该区能量充足，而水量短缺，造成水量与能量状况严重不对称。潜水蒸发作为该地区主要水分排泄项，伴随着能量传递与消耗，因此，本节利用水热平衡方法估算潜水蒸发。

用水热平衡法计算潜水蒸发有两个关键问题：时间尺度问题和空间尺度问题。一般来说水热平衡法用于较大时空尺度，时间尺度为年或多年尺度，空间尺度为流域或全球尺度。这两个问题均已被学者进行研究，已取得的研究成果可用于本书中的潜在蒸发计算。Carmona 等（2016）研究将水热平衡法中 Budyko 方程应用于点尺度，而且在中国区域已有应用。而本书作者对 Budyko 假设在干旱区非闭合流域的适用性进行了研究，重新定义了干旱区蒸发的有效供水水源，改进了 Budyko 方程，而使之能应用于非闭合流域的月水热平衡分析。本研究将采用 Du 等（2016）改进的 Budyko 方程估算额济纳三角洲点尺度的潜水蒸发。方法具体介绍如下：

Budyko 假设为：

$$\frac{ET}{P}=F\left(\frac{ET_0}{P}\right) \tag{6-19}$$

式中，$F()$为作用函数；P 为流域降水(mm)；ET 为流域蒸发(mm)；ET_0为流域蒸发能力(mm)。而描述 Budyko 假设的方程有很多种，其中傅抱璞公式(傅抱璞，1981)最为常用，公式如下：

$$\frac{ET}{P}=1+\frac{ET_0}{P}-\left(1-\left(\frac{ET_0}{P}\right)^{\omega}\right)^{1/\omega} \tag{6-20}$$

式中，ω 为反映流域特性的综合性参数，取值大于 1。该公式适用于多年尺度。

而当时间尺度变小时，Du 等(2016)考虑到土壤水对蒸发水源的供给，重新定义了式(6-19)中降水 P，应包括本地降水、跨流域调水和土壤水变化，写为：

$$P_e=P+Q_{in}-\Delta S \tag{6-21}$$

式中，P_e为区域有效降水(mm)；Q_{in}为入境流域或跨流域调水(mm)；ΔS 为区域土壤储水量变化(mm)，负号表示储水量增加时，会减少蒸发水源供给。

将式(6-21)代入到式(6-19)中，按照傅抱璞(1981)的推导过程，得到小时间尺度的 Budyko 方程形式(图 6-7)：

$$\frac{ET}{P_e}=1+\frac{ET_0}{P_e}-\left(1-\left(\frac{ET_0}{P_e}\right)^{\omega}+\lambda\right)^{1/\omega} \tag{6-22}$$

式中，ω 和 λ 为反映流域特性的模型参数，一般保持稳定不变。

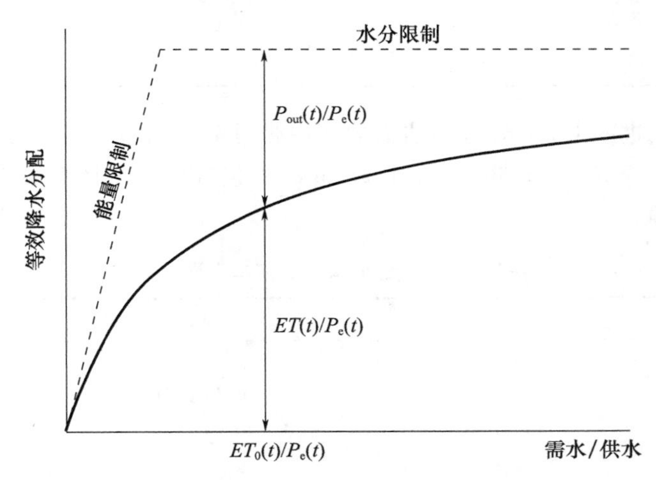

图 6-7　改进的 Budyko 曲线(Du et al. ,2016)

($P_e(t)$：等效降水；$P_{out}(t)$：径流；$ET(t)$：蒸散发；$ET_0(t)$：蒸发能力)

(1)有效降水计算

本节采用式(6-22)来计算月尺度的潜水蒸发，公式(6-22)中的 Q_{in}应为地下水补给量，根据第 3.4 节处理的地下水位数据，在日波动数据中，地下水位埋深的变动有正有负，正值代表由于潜水蒸发导致了地下水位下降，即埋深增大，而负值代表地下水由于侧向补给地下水位增加，导致埋深变小。因此根据这些负值计算地下水的日侧向补给量，作为点尺度的日入流量 Q_{in}。

(2)土壤储水量变化

在计算区域水热平衡中，区域土壤水储量变化难以直接测量，一般用模型计算结果，而本书研究点尺度潜水蒸发,对包气带含水量进行了观测,土壤储水量的变化可以通过观测数据获取。

(3)蒸发能力的计算

一般用 Penman-Monteith 公式计算或者蒸发皿观测数据,本研究采用 FAO-Penman-Monteith 公式计算,见公式(6-2)。

(4)改进的 Budyko 方程中参数确定

参照 Du 等(2016)文献,该文献应用改进的 Budyko 方程分析黑河流域各子流域的水热平衡,已获得黑河下游的参数值。

用改进的 Budyko 方程估算的戈壁带月潜水蒸发结果如表 6-1 所示,可以看出,5 月、6 月、7 月计算的潜水蒸发分别为 11.74 mm,8.53 mm 和 11.11 mm,介于数值法和地下水波动法的结果之间,而且三者变化趋势一致。

表 6-1　基于水量平衡法的戈壁带潜水蒸发

参数	5 月	6 月	7 月
P/mm	0.00	8.00	0.40
Q_{in}/mm	16.51	15.00	19.55
ΔS/mm	4.78	12.37	5.12
ET_0/mm	202.07	194.15	218.62
ET/mm	11.74	10.63	14.83

表 6-2 为运用改进的 Budyko 方程估算的河岸带月潜水蒸发结果,5 月、6 月、7 月计算的潜水蒸发分别为 12.37 mm、15.66 mm、17.98 mm,更接近新模型计算结果,只有 5 月份的潜水蒸发略比数值法低。

表 6-2　基于水量平衡法的河岸带潜水蒸发

参数	5 月	6 月	7 月
P/mm	0.00	0.40	0.00
Q_{in}/mm	9.92	12.93	14.26
ΔS/mm	−2.45	−2.32	−3.72
ET_0/mm	202.07	194.15	218.62
ET/mm	12.37	15.66	17.98

6.4　估算结果讨论

6.4.1　日尺度估算结果比较

新模型和地下水波动法均为日尺度,为了验证新模型的估算结果的可靠性,分别与地下水波动法和通量观测值作对比(图 6-8)。通量数据来源于黑河数据中心(Liu et al. 2011),由于该数据位于额济纳三角洲的四道桥,距离河岸带试验点只有 2 km,而且下垫面条件相似,通量数据只与河岸带的模型结果做比较。

如图 6-8 所示，戈壁带的地下水波动法估算结果与新模型计算结果具有一致的波峰波谷变化，而前者比后者估算结果偏高，二者结果相差最大为 0.2 mm/d；而河岸带二者相差最大为 0.4 mm/d。由于地下水位日波动受多种因素影响，利用单井观测数据很难将侧向补给的影响给消除。在团队已获批的国家自然科学基金项目资助下，在该研究区布置了局部地下水流场观测网，用以消除地下水侧向补给的影响，得到比较好的结果。

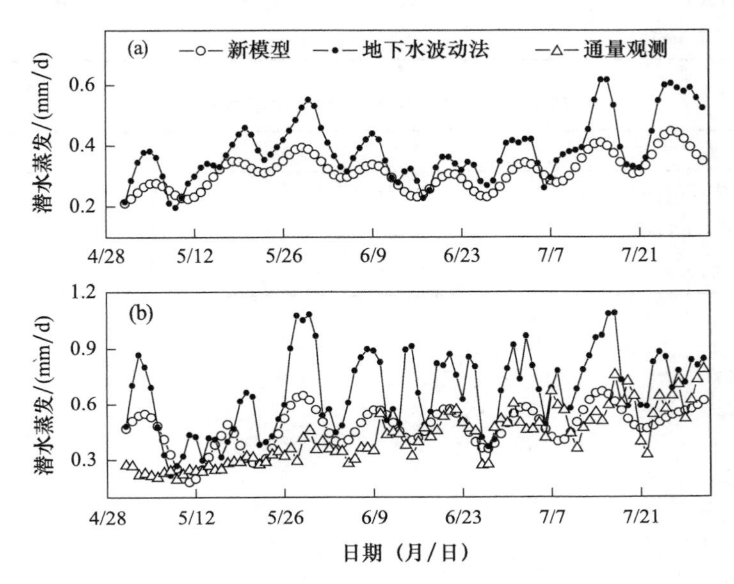

图 6-8　新模型值与地下水波动法/通量观测比较

(a)戈壁带；(b)河岸带

图 6-8b 为河岸带潜水蒸发三种结果比较。与地下水波动法和通量观测值比较，新模型估算结果与通量观测值更为接近，特别是 6 月末和 7 月份，二者潜水蒸发量和变化幅度非常一致。而在整个生长旺季，地下水波动法估算结果均比新模型结果和通量观测值高，但是与新模型结果基本保持一致的波峰波谷变化。

综上所述，新模型计算结果与观测较为接近，具有可靠性。虽然地下水波动法估算结果比新模型结果高，但是二者均能捕捉到戈壁带和河岸带潜水蒸发的特点，戈壁带潜水蒸发小而稳定，而河岸带蒸发大且变幅较大，符合实际认识。

6.4.2　月尺度估算结果比较

本研究利用水热平衡法估算了戈壁带和河岸带月尺度的生长旺季潜水蒸发，为了寻找简单方便的估算方法，将水热平衡法与新模型和地下水波动法计算结果做比较分析。

由表 6-3 可知，三种方法估算戈壁带潜水蒸发的结果均比较接近，新模型计算结果最小，地下水波动法计算结果最大；相对于地下水波动法，新模型结果接近水热平衡法结果。

表 6-4 为河岸带三种方法估算结果比较。由表 6-4 可以看出，三种方法估算河岸带潜水蒸发值比戈壁带要大，而且三者结果的差异表现得更为明显。新模型结果与水热平衡计算结果更为接近。

三种方法估算结果有差异,总体变化趋势总体一致,说明三种方法相互验证,具有较好的可靠性。

表 6-3　戈壁带生长旺季潜水蒸发比较

方法	5月	6月	7月
水热平衡法 ET/mm	11.74	10.63	14.83
地下水波动法 ET/mm	14.47	13.2	17.07
新模型 ET/mm	9.3	8.53	11.11

表 6-4　河岸带生长旺季潜水蒸发比较

方法	5月	6月	7月
水热平衡法 ET/mm	12.37	15.66	17.98
地下水波动法 ET/mm	17.60	20.10	24.03
新模型 ET/mm	12.80	14.02	16.64

第7章 结论与展望

7.1 主要结论

本研究以额济纳三角洲的戈壁带和河岸带的包气带为研究对象，在戈壁带和河岸带分别布置野外包气带水分运移观测试验；利用 Saito 模型分析温度场对戈壁带和河岸带包气带水汽通量的影响；在此基础上，考虑土壤空气运动对包气带水汽的影响，建立了包气带水-汽-气-热运移模型；最后利用新建立的模型、改进的地下水波动法和改进的水热平衡法估算戈壁带和河岸带的潜水蒸发变化。获得以下主要结论：

(1)确定了温度梯度对干旱区包气带水汽热运移影响的范围

利用 Saito 模型分别模拟了戈壁带、河岸带的包气带水汽运移过程，分析温度场和温度梯度引起的水汽通量变化。分析结果表明：在观测期(2014 年 6 月 1—15 日)，戈壁带、河岸带土壤温度等值线沿剖面依次递减，而分布上密下疏，说明上层土壤是土壤温度变化的主要区域；两个剖面的温度垂直梯度最大值分布在埋深 0～50 cm 范围内，下层土壤温度梯度均很小；戈壁带和河岸带包气带剖面温度梯度引起的水汽通量主要集中于埋深 20～50 cm 范围内，而且在土壤上层存在一个水汽传输零通量面；以上三点均说明了温度的变化对包气带水汽运移的影响主要分布在土壤表层。

(2)土壤质地是包气带的水汽传输影响范围的一个重要因素

分析河岸带包气带水汽通量空间分布发现，在整个包气带剖面上存在三个零通面，最上层的零通面是由于温度梯度引起表层土壤水汽通量传输的结果，而中部(埋深 100 cm 处)和下部(220 cm)各存在一个黏土层，从水汽通量空间梯度看，这个黏土层直接的水汽通量梯度极其小，小于0.01 cm/d。

(3)土壤空气运动对干燥土壤温度和水汽传输的影响非常重要，需在干旱区包气带水汽热运移中给予考虑

本研究结合干旱区包气带水分特征，分析水流连续方程和热量平衡方程的作用机制；考虑土壤空气运动对气态的影响，将空气的影响分解到水汽和热量传输方程中，联立土壤空气连续性方程，建立了包气带水-汽-气-热运移模型；运用建立的包气带水-汽-气-热模型对发表的数据进行验证试验。在极端干燥的土壤中土壤空气流动对水汽热耦合运移过程不可忽略。

(4)水分运动参数是包气带水-汽-热运移模型的主要敏感参数

通过分析新建模型对水分运动参数和边界条件变量变化的响应，水分运动参数对土壤含水量模拟的敏感性排序 $n>\alpha>\theta_s>K_s$，要比土壤温度模拟的敏感性要高出 10～100 倍的量级。而土壤含水量和温度对边界条件变量(辐射和地下水位)的敏感性均低于对水分运动参数的敏感性，其差别量级在 $10 \sim 10^2$之间。

(5)在生长旺季,戈壁带潜水蒸发小而稳定,而河岸带潜水蒸发变幅大

本书分别运用包气带水-汽-气-热耦合模型、改进的地下水波动方法、改进的水热平衡法对2014年5—7月额济纳三角洲河岸带、戈壁带潜水蒸发进行估算和分析,结果表明:在生长旺季,戈壁带潜水蒸发小而稳定,而河岸带潜水蒸发变幅较大。同时,对三种方法结果进行比较,三种方法对月蒸发动态描述具有一致性,新建的水-汽-气-热耦合模型与改进的水热平衡计算结果整体上接近但略有偏高,其中戈壁带偏高24.5%~33.2%,河岸带偏高0.8%~11.1%;而与团队改进的地下水位波动法计算结果相差较大,整体上偏低,戈壁带月值偏低53.6%~55.6%,河岸带偏低37.5%~44.4%,但是新模型能较好描述包气带水-汽-热传输过程,而地下水波动法和水热平衡法简便有效。

7.2 研究展望

本研究是荒漠包气带水汽运移研究的阶段性工作,还有许多不足和科学问题需要进一步研究。

(1)需要加强干旱区包气带的连续性观测

在开展包气带水分运移观测的过程中发现,包气带岩土结构复杂,常规的观测难以获取准确而连续的数据,本研究连续观测了两年半,具有同步的观测要素时段只有3个月,这种不连续性严重阻碍了研究不同条件下的包气带水分规律。而且观测数的准确性也难以满足。

(2)需要开展室内包气带水-汽-气-热运移观测试验

野外试验存在诸多不确定性,影响因素不容易控制,难以在观测和模型中辨识其影响的程度和范围,因此需要在室内开展干燥土柱观测试验,设置多个试验方案用以研究不同条件下的包气带水-汽-气-热运移机制。

(3)需要研究一维模型在区域尺度的扩展

由于模型假设土壤与大气之间的作用是一维的,对于揭示区域土壤与大气相互作用规律难易满足。垂向一维的模型还未能对干旱区包气带表层存在的水汽与液态水循环现象进行详细的分析,这种土壤表层水汽循环现象对干旱区的植物需水机制和生态水文过程具有重要的科学意义。

参考文献

陈建耀，吴凯，1997．利用大型蒸渗仪分析潜水蒸发对农田蒸散量的影响[J]．地理学报，52(5)：57-64．

冯宝平，张展羽，张建丰，等，2002．温度对土壤水分运动影响的研究进展[J]．水科学进展，13(5)：643-648．

冯起，司建华，李建林，等，2008．胡杨根系分布特征与根系吸水模型建立[J]．地球科学进展，23(7)：765-772．

傅抱璞，1981．论陆面蒸发的计算[J]．大气科学，5(1)：23-31．

高红贝，邵明安，2011．温度对土壤水分运动基本参数的影响[J]．水科学进展，22(4)：484-494．

韩江波，周志芳，傅志敏，等，2014．温度和水汽对土壤水动态影响的模拟研究[J]．水利学报，45(6)：666-674．

侯兰功，肖洪浪，邹松兵，等，2010．黑河流域水循环特征研究[J]．水土保持研究，17(3)：254-258．

胡和平，杨诗秀，雷志栋，1992．土壤冻结时水热迁移规律的数值模拟[J]．水利学报，22(7)：1-8．

胡顺军，康绍忠，宋郁东，等，2004．塔里木盆地潜水蒸发规律与计算方法研究[J]．农业工程学报，20(2)：49-53．

胡顺军，田长彦，宋郁东，等，2006．裸地与柽柳生长条件下潜水蒸发计算模型[J]．科学通报，50(S1)：36-41．

康绍忠，刘晓明，张国瑜，1993．作物覆盖条件下田间水热运移的模拟研究[J]．水利学报，(3)：11-17，27．

孔凡哲，王晓赞，1997．利用土壤水吸力计算潜水蒸发初探[J]．水文，42(3)：44-47．

雷志栋，杨诗秀，谢森传，1984．潜水稳定蒸发的分析与经验公式[J]．水利学报，15(8)：60-64．

李春燕，李红艳，石丽霞，2011．压力膜仪法在测定土壤水分特征曲线中的应用[J]．人民黄河(9)：60-61．

李继江，刘云华，巩贵仁，2001．研究包气带水分运移常用理论方法存在的问题浅议[J]．勘察科学技术(3)：37-40．

李毅，邵明安，2005．热脉冲法测定土壤热性质的研究进展[J]．土壤学报，42(1)：134-139．

李云良，2010．降雨条件下非饱和带水-气二相流模拟研究[D]．西安：长安大学．

林家鼎，孙菽芬，1983．土壤内水分流动、温度分布及其表面蒸发效应的研究——土壤表面蒸发阻抗的探讨[J]．水利学报(7)：1-8．

刘昌明，1997．土壤-植物-大气系统水分运行的界面过程研究[J]．地理学报，52(4)：80-87．

刘啸，张一驰，杜朝阳，等，2015．额济纳三角洲土地利用现状及其蒸散发量时空分异特征[J]．南水北调与水利科技，13(4)：609-613．

罗玉峰，毛怡雷，彭世彰，等，2013．作物生长条件下的阿维里扬诺夫潜水蒸发公式改进[J]．农业工程学报，29(4)：102-109．

毛丽丽，于静洁，张一驰，等，2014．黑河下游土壤的细土颗粒粒径组成和质地类型的空间分布规律初步研究[J]．土壤通报，45(1)：52-58．

毛晓敏，李民，沈言俐，等，1998．叶尔羌河流域潜水蒸发规律试验分析[J]．干旱区地理，21(3)：44-50．

毛晓敏，杨诗秀，雷志栋，等，1997．叶尔羌河流域裸地潜水蒸发的数值模拟研究[J]．水科学进展，34(4)：14-21．

闵雷雷，2013．干旱区间歇性河流河水渗漏观测与模拟——以额济纳东河为例[D]．北京：中国科学院地理科学与资源研究所．

牛国跃，孙菽芬，洪钟祥，1997．沙漠土壤和大气边界层中水热交换和传输的数值模拟研究[J]．气象学报，55(4)：15-24．

任理,张瑜芳,沈荣开,1998. 条带覆盖下土壤水热动态的田间试验与模型建立[J]. 水利学报(1):77-85.

日本土壤物理特性测定委员会,1979. 土壤物理性测定方法[M]. 翁德衡,译. 重庆:科学技术文献出版社重庆分社.

尚松浩,毛晓敏,2010. 潜水蒸发研究进展[J]. 水利水电科技进展,30(4):85-89.

邵明安,王全九,黄明斌,2006. 土壤物理学[M]. 北京:高等教育出版社.

沈立昌,1982. 采用长期观测资料分析地下水资源的几个问题[J]. 水文(S1):22-30+19.

沈振荣,张瑜芳,杨诗秀,等,1992. 水资源科学实验与研究——大气水、地表水、土壤水、地下水相互转化关系[M]. 北京:中国科学技术出版社.

司建华,冯起,李建林,等,2007. 荒漠河岸林胡杨吸水根系空间分布特征[J]. 生态学杂志,26(1):1-4.

司建华,冯起,鱼腾飞,等,2009. 额济纳绿洲土壤养分的空间异质性[J]. 生态学杂志,28(12):2600-2606.

隋红建,曾德超,陈发祖,1992. 不同覆盖条件对土壤水热分布影响的计算机模拟 I:数学模型[J]. 地理学报,47(1):74-79.

孙菽芬,2002. 陆面过程研究的进展[J]. 沙漠与绿洲气象,25(6):1-6.

唐海行,苏逸深,张和平,1989. 潜水蒸发的试验研究及其经验公式的改进[J]. 水利学报,20(10):37-44.

汪志荣,张建丰,王文焰,等,2002. 温度影响下土壤水分运动模型[J]. 水利学报(10):46-50.

王国栋,张一平,张君常,等,1996. 土壤水势温度滞后效应的研究[J]. 水土保持研究,3(3):125-130.

王全九,王文焰,沈冰,等,1998. 田间非饱和土壤水分运动参数测定[J]. 农业工程学报,14(2):155-159.

王志功,朱长青,刘国玲,2003. 额济纳绿洲生态系统恢复初探[J]. 内蒙古林业调查设计,26(1):12-14,44.

吴运卿,罗金耀,王富庆,2006. 智能化称重式蒸渗仪系统的研制与实现[J]. 实验室研究与探索,25(4):432-434,438.

武选民,史生胜,黎志恒,等,2002. 西北黑河下游额济纳盆地地下水系统研究(上)[J]. 水文地质工程地质,29(1):16-20.

席海洋,冯起,司建华,等,2011. 额济纳绿洲不同植被覆盖下土壤特性的时空变化[J]. 中国沙漠,31(1):68-75.

徐永亮,于静洁,张一驰,等,2014. 生态输水期间额济纳绿洲区地下水动态数值模拟[J]. 水文地质工程地质,41(4):11-18.

杨炳禄,2002. 额济纳河[Z]. 额济纳旗水务局内部资料:9-10.

杨金忠,蔡树英,1989. 土壤中水、汽、热运动的耦合模型和蒸发模拟[J]. 武汉水利电力学院学报,22(4):35-44.

杨诗秀,雷志栋,1991. 水平土柱入渗法测定土壤导水率[J]. 水利学报(5):1-7.

叶水庭,施鑫源,苗晓芳,1982. 用潜水蒸发经验公式计算给水度问题的分析[J]. 水文地质工程地质,26(4):45-48+6.

张富仓,张一平,张君常,1997. 温度对土壤水分保持影响的研究[J]. 土壤学报,34(2):160-169.

张人禾,刘栗,左志燕,2016. 中国土壤湿度的变异及其对中国气候的影响[J]. 自然杂志,38(5):313-319.

张蔚榛,张瑜芳,1981. 包气带水分运移问题讲座(四)[J]. 水文地质工程地质,25(4):55-59.

张一驰,于静洁,乔茂云,2011. 黑河流域生态输水对下游植被变化影响研究[J]. 水利学报(7):751-765.

张一平,白锦鳞,张君常,等,1990. 土壤水分热力学函数研究[J]. 西北农林科技大学学报(自然科学版),55(3):43-50.

张瑜芳,1992. 土壤水运移理论的研究和应用[J]. 灌溉排水,11(4):1-7.

张志祥,徐绍辉,崔峻岭,等,2013. 电阻率法确定土壤水分特征曲线初探[J]. 土壤,45(6):1127-1132.

赵成义,胡顺军,刘国庆,等,2000. 潜水蒸发经验公式分段拟合研究[J]. 水土保持学报,14(S1):122-126.

赵贵章,2011. 鄂尔多斯盆地风沙滩地区包气带水-地下水转化机理研究[D]. 西安:长安大学.

赵晶晶,唐亚莉,虎胆．吐马尔白,2007. 室内试验方法确定非饱和土壤水分运动参数[J]. 新疆农业科学,44(4):490-493.

赵雅琼,2015. 非饱和带土壤水分特征曲线的测定与预测[D]. 西安:长安大学.

赵玉杰,周金龙,李巧,2011. 干旱区潜水蒸发研究进展[J]. 地下水,33(5):189-192.

中国人民解放军〇〇九二九部队,1980. 中华人民共和国区域水文地质普查报告:额济纳旗[R]. 酒泉.

朱军涛,于静洁,王平,2011. 额济纳荒漠绿洲植物群落的数量分类及其与地下水环境的关系分析[J]. 植物生态学报,35(5):480-489.

左强,李保国,杨小路,等,1999. 蒸发条件下地下水对1 m土体水分补给的数值模拟[J]. 中国农业大学学报,4(1):37-42.

AKAIKE H,1980. Seasonal adjustment by a Bayesian modeling[J]. Journal of Time Series Analysis,1(1):1-13.

BABAJIMOPOULOS C,PANORAS A,GEORGOUSSISH,et al,2007. Contribution to irrigation from shallow water table under field conditions[J]. Agricultural Water Management,92(3):205-210.

BLAINE H,1999. Soil moisture instruments[J]. Irrigation Journal,49(3):14-15.

BOUCOYOUS G T,1915. Effect of temperature on the movement of water vapor and capillary moisture in soils[J]. Journal of Agricultural Research,5:141-172.

BOUMA J,1981. Soil morphology and preferential flow along macropores[J]. Agricultural Water Management,3(4):235-250.

BROOKS R H,COREY A T,1964. Hydraulic properties of porous media[J]. Hydrology Paper,27(3):22-27.

BUCKINGHAM E,1907. Regnault's experiments on the Joule Thomson effect[J]. Nature,76:493-493.

BURDINE N T,1953. Relative permeability calculations from pore size distribution data[J]. Journal of Petroleum Technology,5(3):71-77.

BURT T P,PINAY G,MATHESON F E,et al,2002. Water table fluctuations in the riparian zone:comparative results from a pan-European experiment[J]. Journal of Hydrology,265(1-4):129-148.

CAHILL A T,PARLANGE M B,1998. On water vapor transport in field soils[J]. Water Resources Research,34(4):731-739.

CAMILLO P J,GURNEY RJ,1986. A resistance parameter for bare soil evaporation models[J]. Soil Science,141(2):95-105.

CAMPBELL G S,1985. Soil Physics With Basic,Transport Model for Soil Plant Systems[M]. New York:Elsevier Sciences:149.

CARLING G T,MAYO A L,TINGEY D,et al,2012. Mechanisms,timing,and rates of arid region mountain front recharge[J]. Journal of Hydrology,428-429:15-31.

CARMONA A M,POVEDA G,SIVAPALAN M,et al,2016. A scaling approach to Budyko's framework and the complementary relationship of evapotranspiration in humid environments:case study of the Amazon River basin[J]. Hydrology and Earth System Sciences,20(2):589-603.

CELIAM A,BINNING P,1992. A mass conservative numerical solution for two-phase flow in porous media with application to unsaturated flow[J]. Water Resources Research,28(10):2819-2828.

CHUNG S-O,HORTON R,1987. Soil heat and water flow with a partial surface mulch[J]. Water Resources Research,23(12):2175-2186.

CIOCCA F,LUNATI I,PARLANGE M B,2014. Effects of the water retention curve on evaporation from arid soils[J]. Geophysical Research Letters,41(9):3110-3116.

COSTELLOE J F,IRVINE E C,WESTERN A W,2014. Uncertainties around modelling of steady-state phreatic evaporation with field soil profiles of $\delta^{18}O$ and chloride[J]. Journal of Hydrology, 511:229-241.

COUDRAIN-RIBSTEIN A, PRATX B, TALBI A, et al, 1998. Is the evaporation from phreatic aquifers in arid zones independent of the soil characteristics? [J]. Comptes Rendus De L Academie Des Sciences Serie Ii Fascicule a-Sciences De La Terre Et Des Planetes, 326(3):159-165.

CROSBIE R S, BINNING P, KALMA J D, 2005. A time series approach to inferring groundwater recharge using the water table fluctuation method[J]. Water Resources Research, 41(1):W01008.

DE VRIES D A. 1958. Simultaneous transfer of heat and moisture in porous media[J]. EOS, Transactions American Geophysical Union, 39(5):909-916.

DU C, SUN F, YU J, et al, 2016. New interpretation of the role of water balance in an extended Budyko hypothesis in arid regions[J]. Hydrology and Earth System Sciences, 20(1):393-409.

EAGLESON P S, 1978. Climate, soil and vegetation 3: a simplified model of soil moisture movement in the liquid phase[J]. Water Resources Research, 14(5):722-730.

Environmental Systems & Technologies, Inc, Mortans, 1990. A finite element model for multiphase organic chemical flow and multispecies transport[Z]. Version 1. 1, Program documentation, Environmental Systems & Technologies, Inc, Blacksburg, VA.

FAYBISHENKO B A, 1995. Hydraulic behavior of quasi-saturated soils in the presence of entrapped air: laboratory experiments[J]. Water Resources Research, 31(10):2421-2435.

FAYER M J, 2000. UNSAT-H Version 3. 0: Unsaturated soil water and heat flow model, Theory, user manual and examples[R]. Richalan, Washington: Pacific Naorthwest National Laboratory.

GARDNER W R, 1958. Some steady state solutions of the unsaturated moisture flow equation with applications to evaporation from a water table[J]. Soil Sciences, 85(4):228-232.

GARDNER W R, HILLEL D, BENYAMIN Y, 1970. Post-irrigation movement of soil water. 1 redistribution [J]. Water Resources Research, 6(3):851-861.

GARDNER W R. 1920. The capillary potential and its relation to soil-moisture constants[J]. Soil Science, 10 (5):357-359.

GHEZZEHEI T A, KNEAFSEY T J, SU G W, 2007. Correspondence of the Gardner and van Genuchten - Mualem relative permeability function parameters[J]. Water Resources Research, 43:W10417.

GREEN H, AMPT G A, 1912. Studies on soil physics: part II—the permeability of an ideal soil to air and water[J]. The Journal of Agricultural Science, 5(1):1-26.

GRIBOVSZKI Z, KALICZ P, SZILÁGYI J, et al, 2008. Riparian zone evapotranspiration estimation from diurnal groundwater level fluctuations[J]. Journal of Hydrology, 349(1-2):6-17.

HANKS R J, GARDNER H R, FAIKBOURN M L, 1967. Evaporation of water from soils as influenced by drying with wind or radiation1[J]. Soil Science Society of America Journal, 31(5):593-598.

HARSCH N, BRANDENBURG M, KLEMM O, 2009. Large-scale lysimeter site St. Arnold, Germany: analysis of 40 years of precipitation, leachate and evapotranspiration[J]. Hydrology and Earth System Sciences, 13 (3):305-317.

HEALY R W, COOK P G, 2002. Using groundwater levels to estimate recharge[J]. Hydrogeology Journal, 10 (1):91-109.

HEITMAN J L, HORTON R, REN T, et al, 2008. A test of coupled soil heat and water transfer prediction under transient boundary temperatures [J]. Soil Science Society of America Journal, 72(5):1197-1207.

HILLEL D, 1980. Fundamentals of Soil Physics[M]. New York: Academic Press.

HO C K, WEBB S W, 1996. A review of porous media enhanced vapor-phase diffusion mechanisms, models, and data:Does enhanced vapor-phase diffusion exist? [R]. Albuquerque:Geohydrology Department,Sandia National Laboratories.

HOPMANS J W,DANE J H,1986. Temperature dependence of soil hydraulic properties[J]. Soil Science Society of America Journal,50(1):4-9.

JAHANGIR M H,SADRNEJAD S A,2013. A new coupled heat,moisture and air transfer model in unsaturated soil[J]. Journal of Mechanical Science and Technology,26(11):3661-3672.

KIMBALL B A,LEMON E R,1971. Air turbulence effects upon soil gas exchange[J]. Soil Science Society of America Journal,35(1):16-21.

KOWALSKI S J,2008. Guest editorial:R&D in thermo-hydro-mechanical aspect of drying[J]. Drying Technology,26(3):258-259.

KUANG X,JIAO JJ,LI H,2013. Review on airflow in unsaturated zones induced by natural forcings[J]. Water Resources Research,49(10):6137-6165.

LAUTZ L K,2008. Estimating groundwater evapotranspiration rates using diurnal water-table fluctuations in a semi-arid riparian zone[J]. Hydrogeology Journal,16(3):483-497.

LEBEDEFF A F,1927. The movement of ground and soil waters[J]. Abs of Intl Congress Soil Science Proc, 1:40-44.

LIAKOPOU A C,1966. Theoretical predicton of evaporation losses from groundwater[J]. Water Resources Research,2(2):227-240.

LIU S M,XU Z W,WANG W Z,et al,2011. A comparison of eddy-covariance and large aperture scintillometer measurements with respect to the energy balance closure problem[J]. Hydrology and Earth System Sciences,15(4):1291-1306.

LIU S,GRAHAM W D,JACOBS J M,2005. Daily potential evapotranspiration and diurnal climate forcings: influence on the numerical modelling of soil water dynamics and evapotranspiration[J]. Journal of Hydrology,309(1-4):39-52.

LOHEIDE S P,2008. A method for estimating subdaily evapotranspiration of shallow groundwater using diurnal water table fluctuations[J]. Ecohydrology,1(1):59-66.

MANDAVI S M,NEYSHABOURI M R,FUJIMAKI H,2018. Water vapour transport in a soil column in the presence of an osmotic gradient[J]. Geoderma,315:199-207.

MARSHALL T J,HOLMES J W,1979. Soil Physics[M]. London:Cambridge University Press.

MARTINET M C,VIVONI E R,CLEVERLY J R,et al,2009. On groundwater fluctuations,evapotranspiration,and understory removal in riparian corridors[J]. Water Resources Research,45(5):W05425.

MEISSNER R,RUPP H,SEYFARTH M,2007. Advances in out door lysimeter techniques[J]. Water Air & Soil Pollution:Focus,8(2):217-225.

MILLER EE,MILLER R D,1956. Physical theory for capillary flow phenomena[J]. Journal of Applied Physics,27(4):324-332.

MILLY P C D,1980. The coupled transport of water and heat in a vertical soil column under atmospheric excitation[D]. Cambridge:Massachusetts Institute of Technology:23-34.

MILLY P C D,1982. Moisture and heat transport in hysteretic,inhomogeneous porous media:a matric head-based formulation and a numerical model[J]. Water Resources Research,18(3):489-498.

MILLY P C D,1984. A simulation analysis of thermal effects on evaporation from soil[J]. Water Resources Research,20(8):1087-1098.

MOHANTY B P,YANG Z,2013. Comment on “A simulation analysis of the advective effect on evaporation using a two-phase heat and mass flow model" by Yijian Zeng, Zhongbo Su, Li Wan, and Jun Wen[J]. Water Resources Research, 49(11): 7831-7835.

MUALEM Y, 1976. A new model for predicting the hydraulic conductivity of unsaturated porous media[J]. Water Resources Research, 12(3): 513-522.

NIELSEN D R, JACKSON R D, CARY J W, et al. 1972. Soil Water[M]. Madison, WI: American Society of Agronomy, Soil Science Society of America: 5-20.

NOBORIO K, MCINNES K J, HEILMAN J L, 1996. Two-dimensional model for water, heat, and solute transport in furrow-irrigated soil: I. Theory[J]. Soil Science Society of America Journal, 60(4): 1001-1009.

OR D, LEHMANN P, SHAHRAEENI E, et al, 2013. Advances in Soil Evaporation Physics—A Review[J]. Vadose Zone Journal, 12(4)

PHILIP J R, 1966. Plant water relations-some physical aspects[J]. Annual Review of Plant Physiology, 17: 245-268.

PHILIP J R, DE VRIES D A, 1957. Moisture movement in porous materials under temperature gradients[J]. EOS, Transactions American Geophysical Union, 38(2): 222-232.

RAES D, DEPROOST P, 2003. Model to assess water movement from a shallow water table to the root zone [J]. Agricultural Water Management, 62(2): 79-91.

RICHARDS L A, 1931. Caplilary conduction of liquids through porous mediums[J]. Journal of Applied Physics, 1(5): 318-333.

ROSE C, STERN W, DRUMMOND J, 1965. Determination of hydraulic conductivity as a function of depth and water content for soil in situ[J]. Australian Journal of Soil Research, 3(1): 1-9.

SAITO H, ŠIMŮNEK J, MOHANTY B P, 2006. Numerical analysis of coupled water, vapor, and heat transport in the vadose zone[J]. Vadose Zone Journal, 5(2): 784-800.

SCANLON B R, HEALY R W, COOK P G, 2002. Choosing appropriate techniques for quantifying groundwater recharge[J]. Hydrogeology Journal, 10(1): 18-39.

SCANLON B R, NICOT J P, MASSMANN J W, 2001. Soil gas movement in unsaturated systems[M]// SUMNER M E. Handbook of soil science. Florida: CRC Press: 297-341.

SCHNEIDER M, GOSS K U, 2011. Temperature dependence of the water retention curve for dry soils[J]. Water Resources Research, 47(3): W03506.

SCHREFLER B A, PESAVENTO F, 2004. Multiphase flow in deforming porous material[J]. Computers and Geotechnics, 31(3): 237-250.

SCHREFLER B A, ZHAN X, 1993. A fully coupled model for water flow and airflow in deformable porous media[J]. Water Resources Research, 29(1): 155-167.

SHARMA D R, PRIHAR SS. 1973. Effect of depth and salinity of groundwater on evaporation and soil salinization[J]. Indian Journal of Agricultural Sciences, 43(6): 582-586.

SHOKRI N, LEHMANN P, OR D, 2009. Critical evaluation of enhancement factors for vapor transport through unsaturated porous media[J]. Water Resources Research, 45(10): W10433.

ŠIMŮNEK J, VAN GENUCHTEN M T, WENDROTH O, 1998. Parameter estimation analysis of the evaporation method for determining soil hydraulic properties[J]. Soil Science Society of America Journal, 62(4): 894-905.

SMITH W O, 1943. Thermal transfer of moisture in soils[J]. EOS, Transactions American Geophysical Union, 24(2): 511-524.

SOPPE R W, AYARS J E, 2003. Characterizing groundwater use by safflower using weighing lysimeters[J]. Agricultural Water Management, 60(1): 59-71.

TAYLOR S A, CAVAZZA L, 1954. The movement of soil moisture in response to temperature gradients[J]. Soil Science Society of America Journal, 18(4): 351-358.

THOMAS H R, CLEALL P J, DIXON D, et al, 2009. The coupled thermal, hydraulic, mechanical behavior of a large-scale in situ heating experiment[J]. Geotechnique, 59(4): 401-413.

THOMAS H, SANSOM M, 1995. Fully coupled analysis of heat, moisture, and air transfer in unsaturated soil [J]. Journal of Engineering Mechanics, 121(3): 392-405.

TILLMAN F D, SMITH J A, 2005. Site characteristics controlling airflow in the shallow unsaturated zone in response to atmospheric pressure changes[J]. Environmental Engineering Science, 22(1): 25-37.

TOORMAN A F, WIERENGA P J, HILLS R G, 1992. Parameter estimation of hydraulic properties from one-step outflow data[J]. Water Resources Research, 28(11): 3021-3028.

UNOLD G, FANK J, 2007. Modular design of field lysimeters for specific application needs[J]. Water Air & Soil Pollution: Focus, 8(2): 233-242.

VAN GENUCHTEN M T, 1980. A closed-form equation for predicting the hydraulic conductivity of unsaturated soils[J]. Soil Science Society of America Journal, 44: 892-898.

WANG P, GRINEVSKY S O, POZDNIAKOV S P, et al, 2014. Application of the water table fluctuation method for estimating evapotranspiration at two phreatophyte-dominated sites under hyper-arid environments[J]. Journal of Hydrology, 519, Part B: 2289-2300.

WANG P, POZDNIAKOV S P, 2014. A statistical approach to estimating evapotranspiration from diurnal groundwater level fluctuations[J]. Water Resources Research, 50(3): 2276-2292.

WANG P, YU J, ZHANG Y, et al, 2011. Impacts of environmental flow controls on the water table and groundwater chemistry in the Ejina Delta, northwestern China[J]. Environmental Earth Sciences, 64(1): 15-24.

WEBB S W, HO C K, 1997. Pore-scale modeling of enhanced vapor diffusion in porous media[R]. United States: Sandia National Laboratory, Albuquerque, NM.

WHITE W N, 1932. A method of estimating ground-water supplies based on discharge by plants and evaporation from soil results of investigations in Escalante Valley[R], Washington D C: US Geological Survey.

WILLIS W O, 1960. Evaporation from Layered Soils in the Presence of a Water Table1[J]. Soil Science Society of America Journal, 24(4): 239-242.

YEH T C J, 1989. One dimensional steady infiltration in heterogeneous soils[J]. Water Resources Research, 15(10): 2149-2158.

YOUNGS E G, 1995. Development in the physics of infiltration[J]. Soil Science Society of America Journal, 59 (2): 307-313.

ZENG Y, SU Z, WAN L, et al, 2011a. A simulation analysis of the advective effect on evaporation using a two-phase heat and mass flow model[J]. Water Resources Research, 47: W10529.

ZENG Y, SU Z, WAN L, et al, 2011b. Numerical analysis of air-water-heat flow in unsaturated soil: Is it necessary to consider airflow in land surface models? [J]. Journal of Geophysical Research: Atmospheres, 116 (20): D20107.

ZHOU Y, RAJAPAKSE R, GRAHAM J, 1998. Coupled heat-moisture-air transfer in deformable unsaturated media[J]. Journal of Engineering Mechanics, 124(10): 1090-1099.

ZHU J, MOHANTY B P, WARRICK A W, et al, 2004. Correspondence and upscaling of hydraulic functions for steady-state flow in heterogeneous soils[J]. Vadose Zone Journal, 3(2): 527-533.

图 3-1　额济纳盆地地理范围(引自闵雷雷,2013)

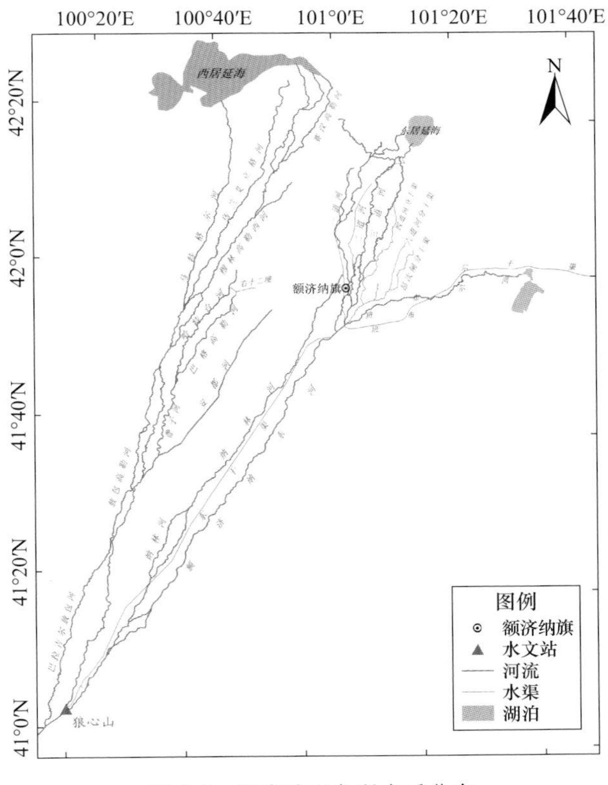

图 3-3　额济纳三角洲水系分布

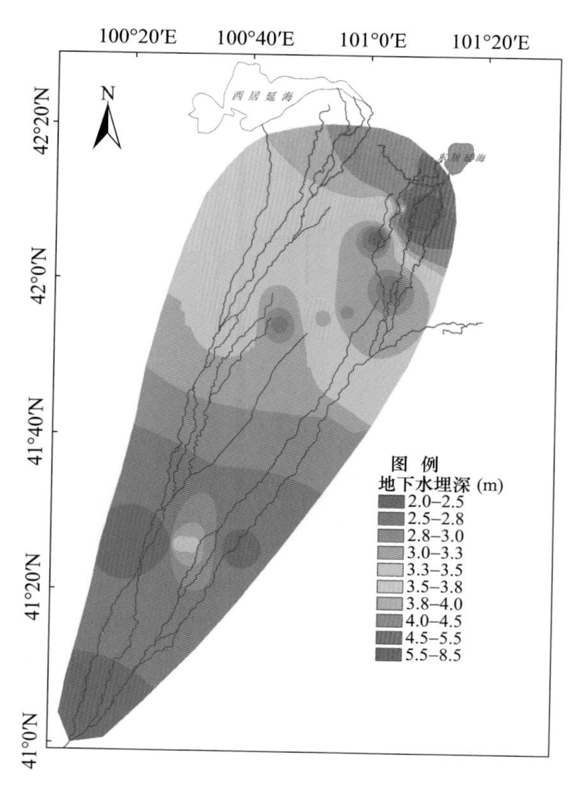

图 3-6　额济纳三角洲地下水埋深空间分布

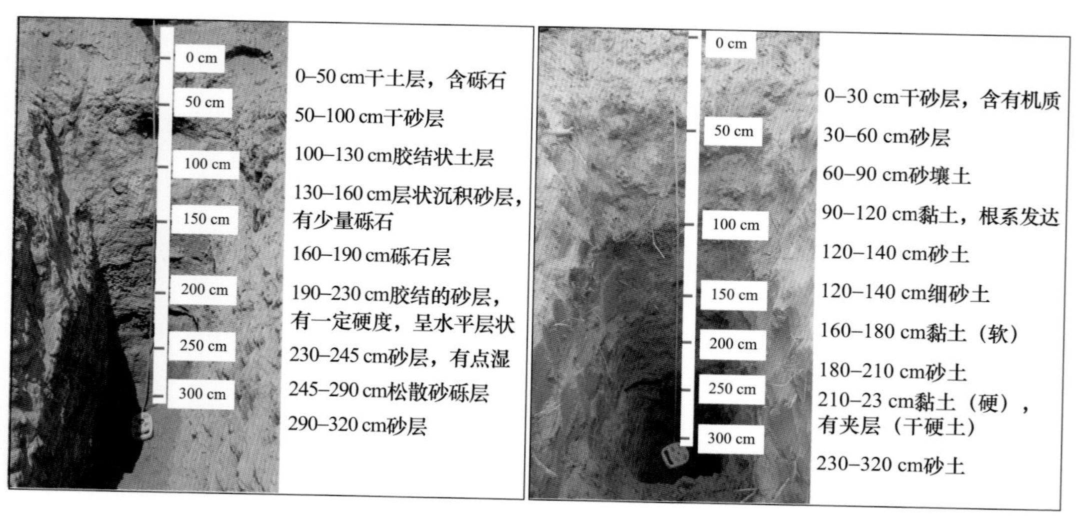

图 3-9　额济纳三角洲典型包气带剖面调查

（左：戈壁带；右：河岸带）

图 3-10　戈壁包气带水分运动观测

（左：土壤温湿度；右：自动气象站）

图 3-11　河岸包气带水分运动观测

（左：土壤温湿度；右：自动气象站）

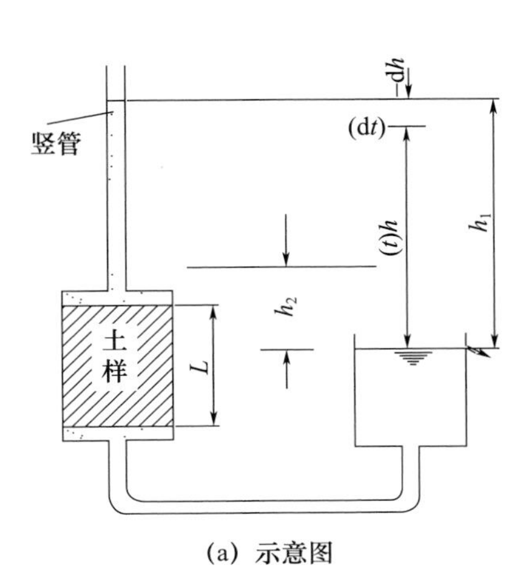

(a) 示意图

(b) 实测图

图 3-13　变水头测定饱和渗透率仪

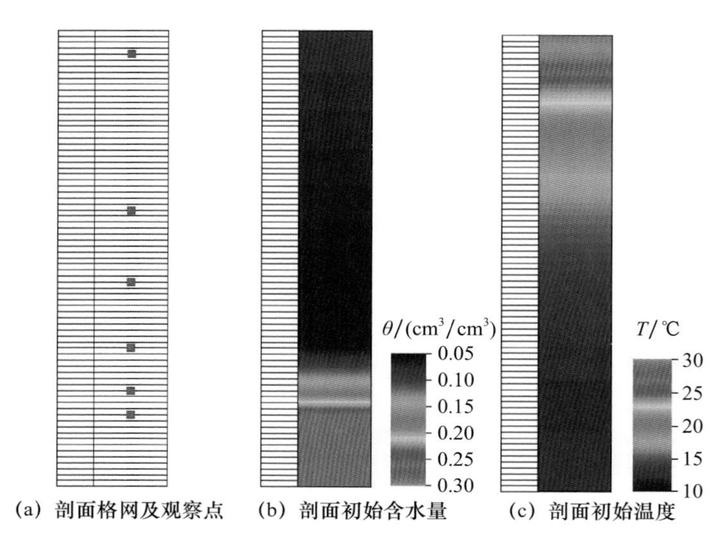

图 4-1　戈壁带回填剖面格网化与初始条件

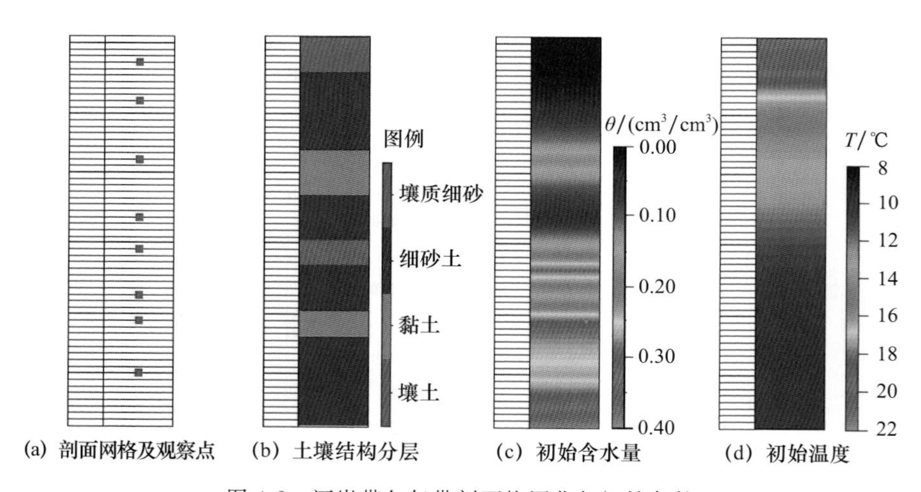

图 4-2　河岸带包气带剖面格网化与初始条件

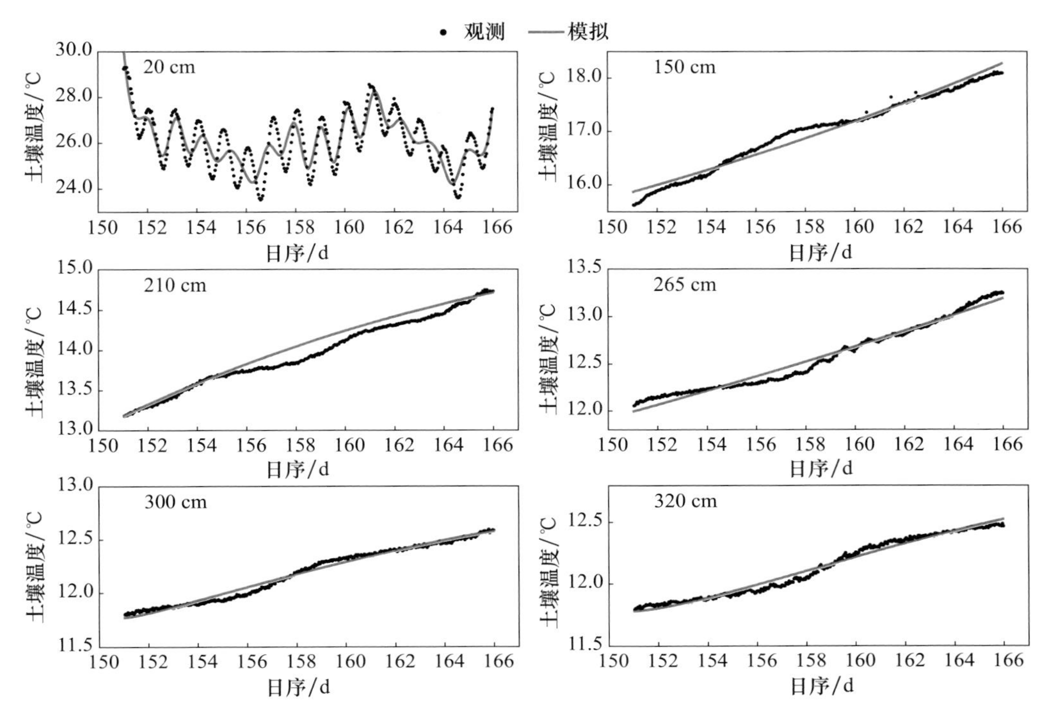

图 4-3 戈壁带回填剖面温度模拟值与观测值

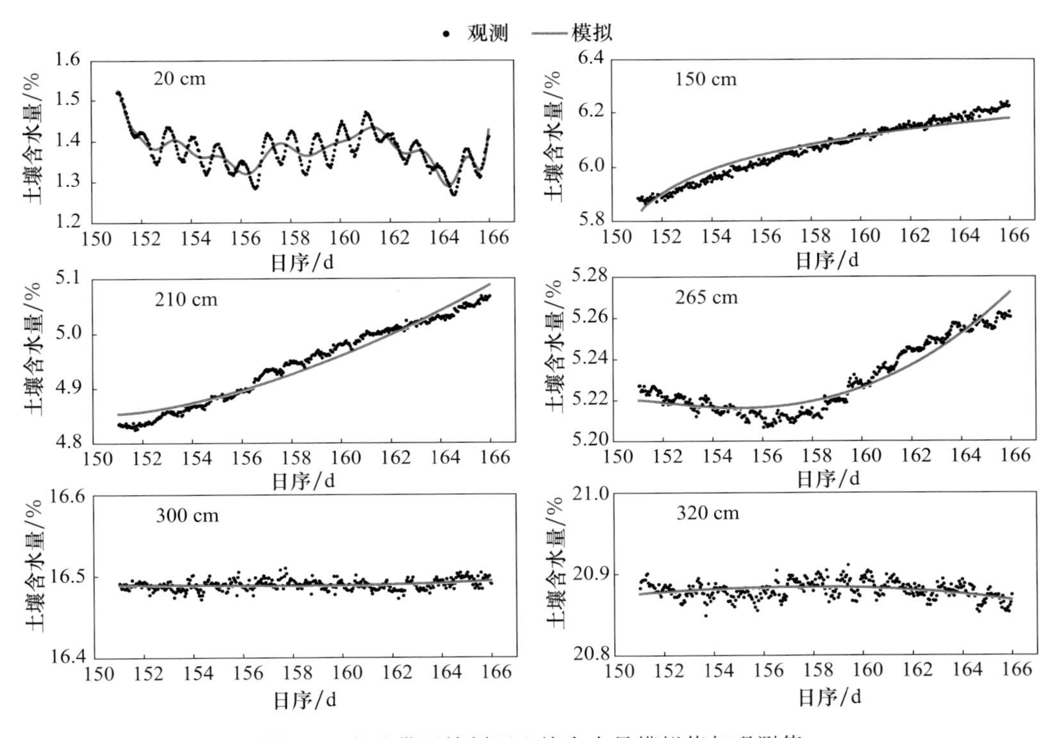

图 4-4 戈壁带回填剖面土壤含水量模拟值与观测值

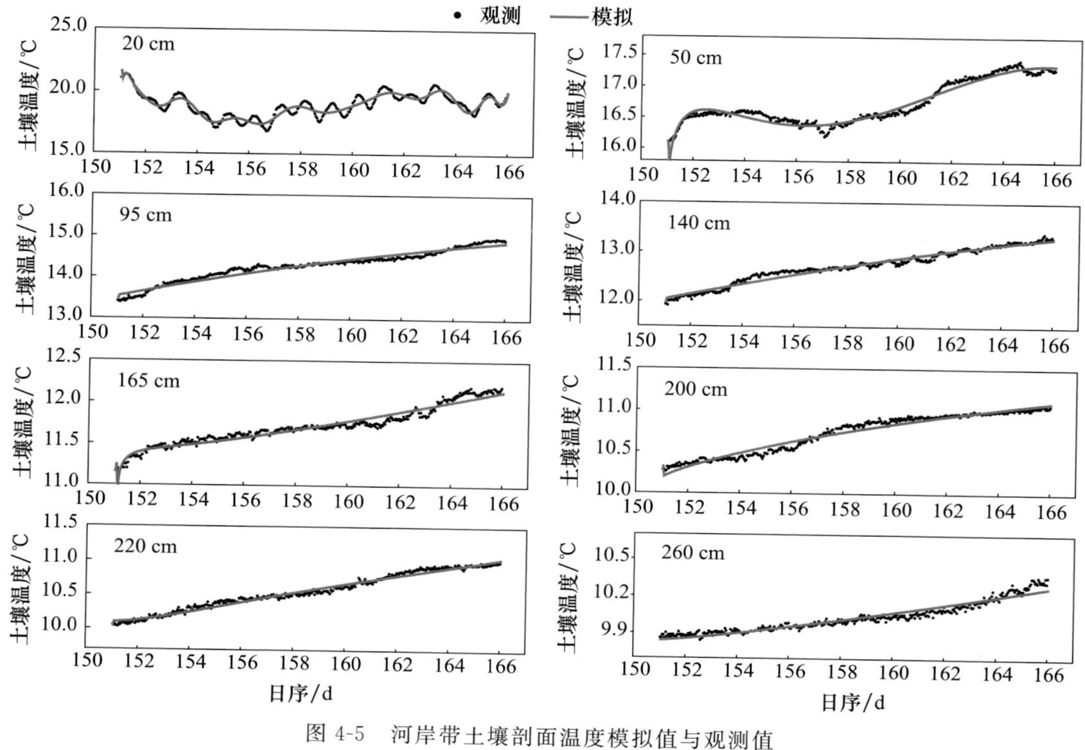

图 4-5　河岸带土壤剖面温度模拟值与观测值

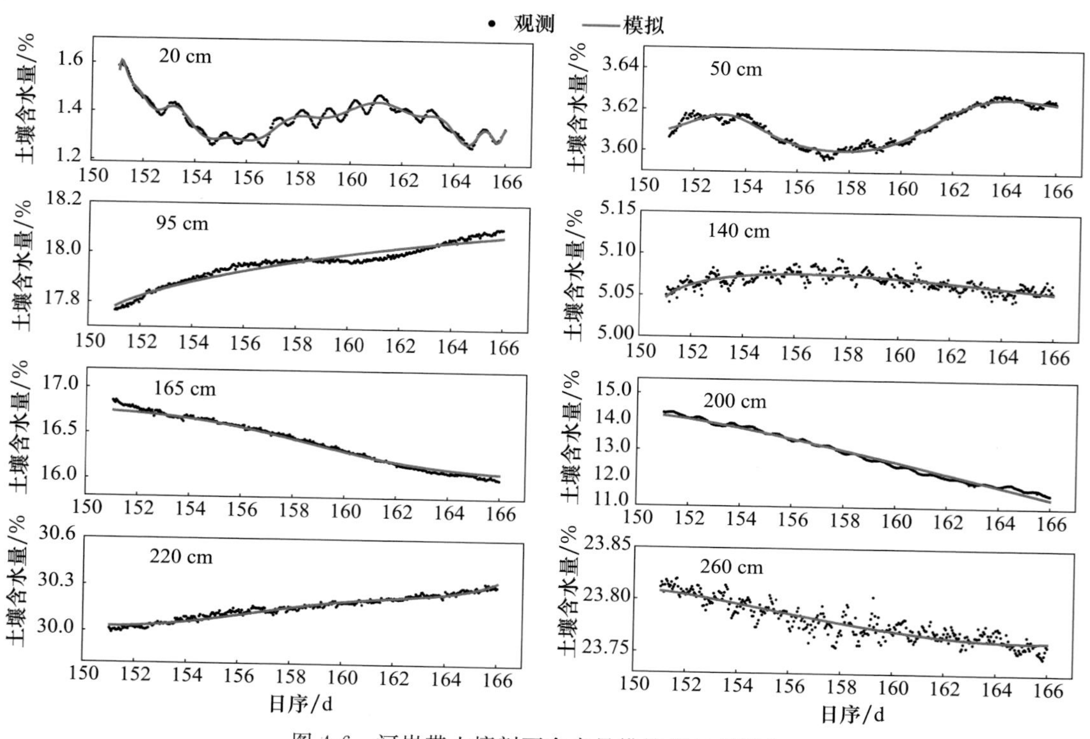

图 4-6　河岸带土壤剖面含水量模拟值与观测值

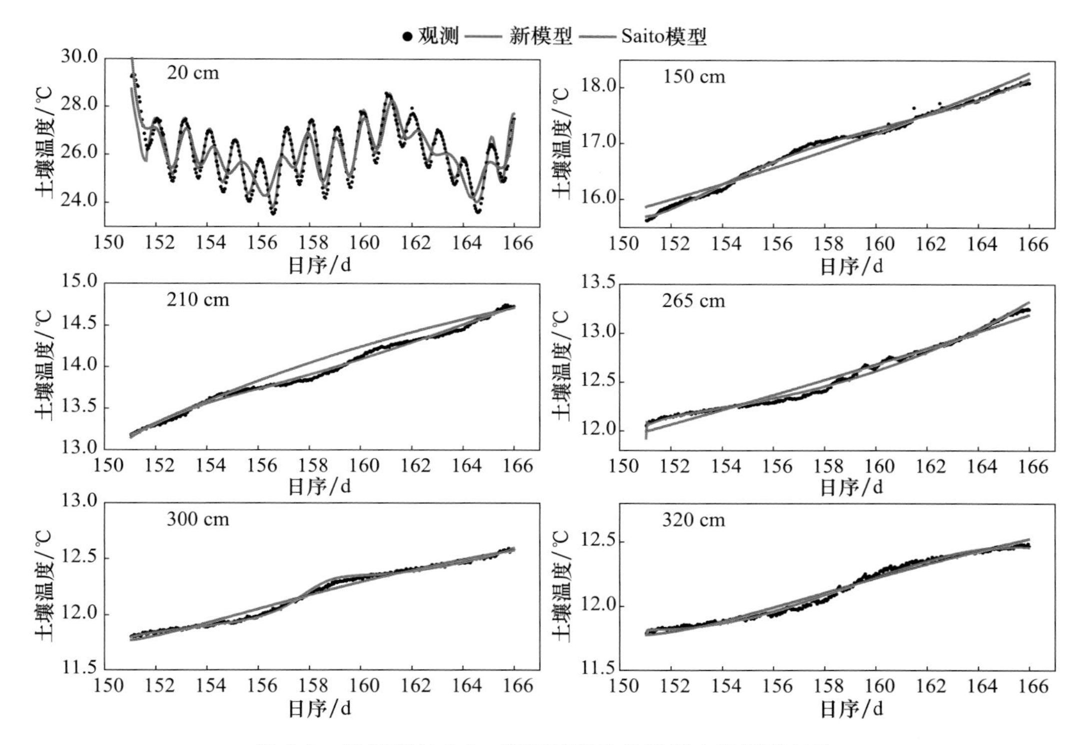

图 6-1 新模型与 Saito 模型模拟的戈壁带土壤温度对比

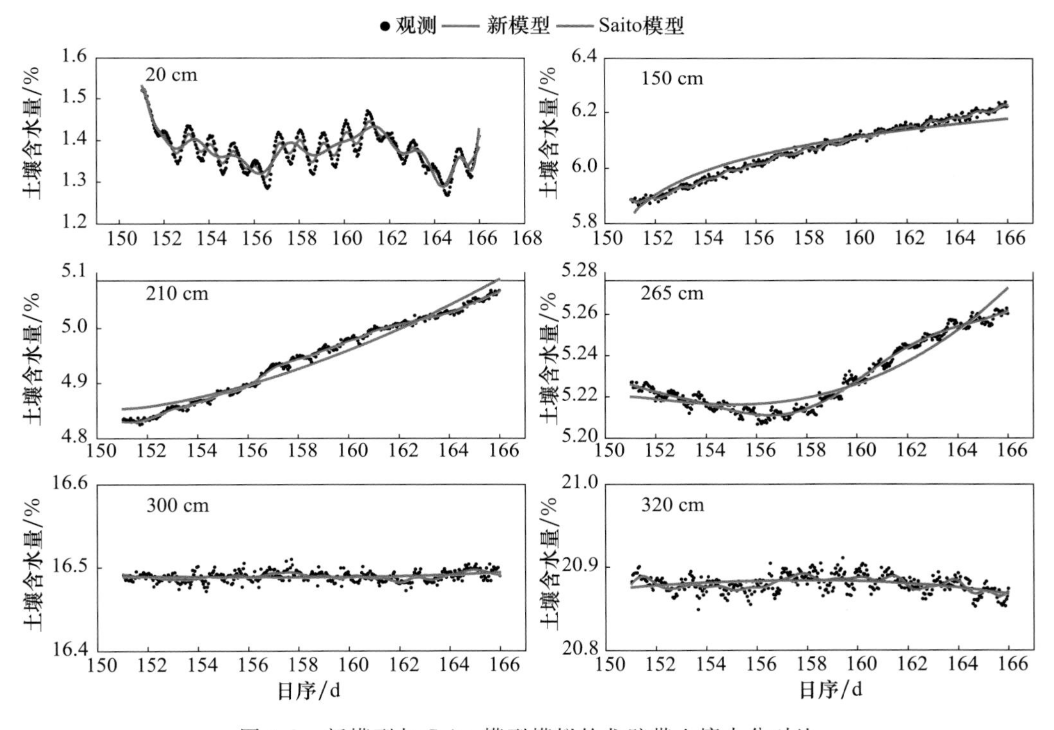

图 6-2 新模型与 Saito 模型模拟的戈壁带土壤水分对比

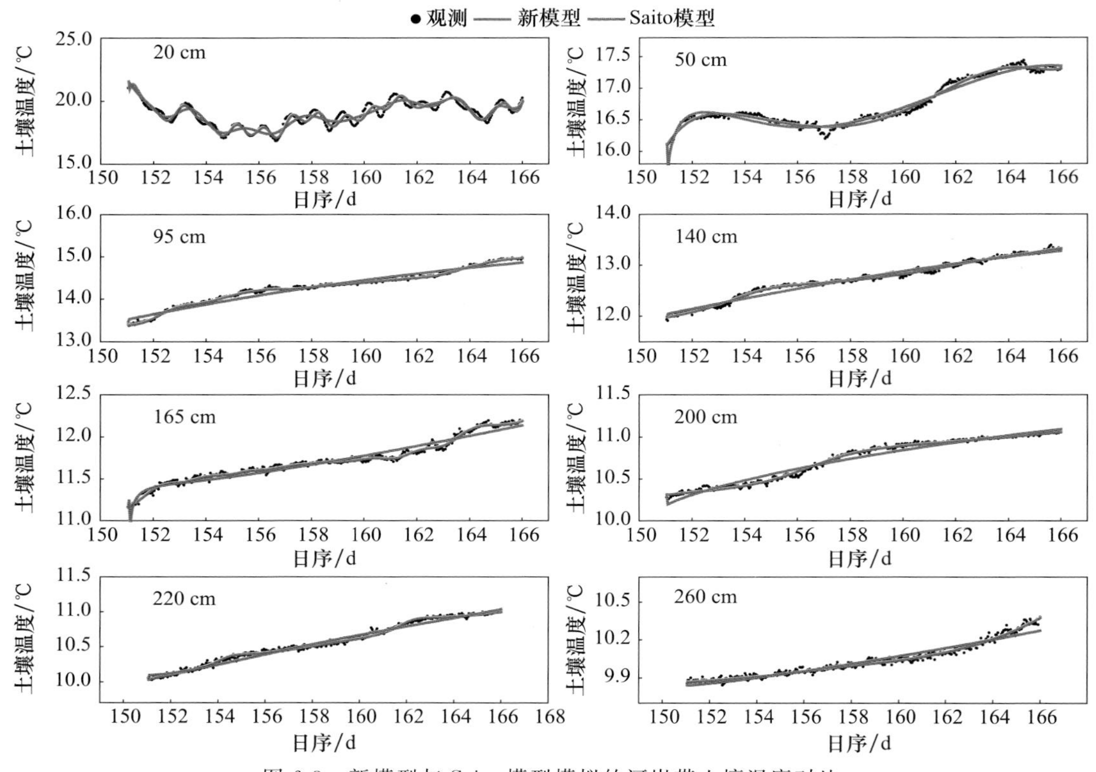

图 6-3 新模型与 Saito 模型模拟的河岸带土壤温度对比

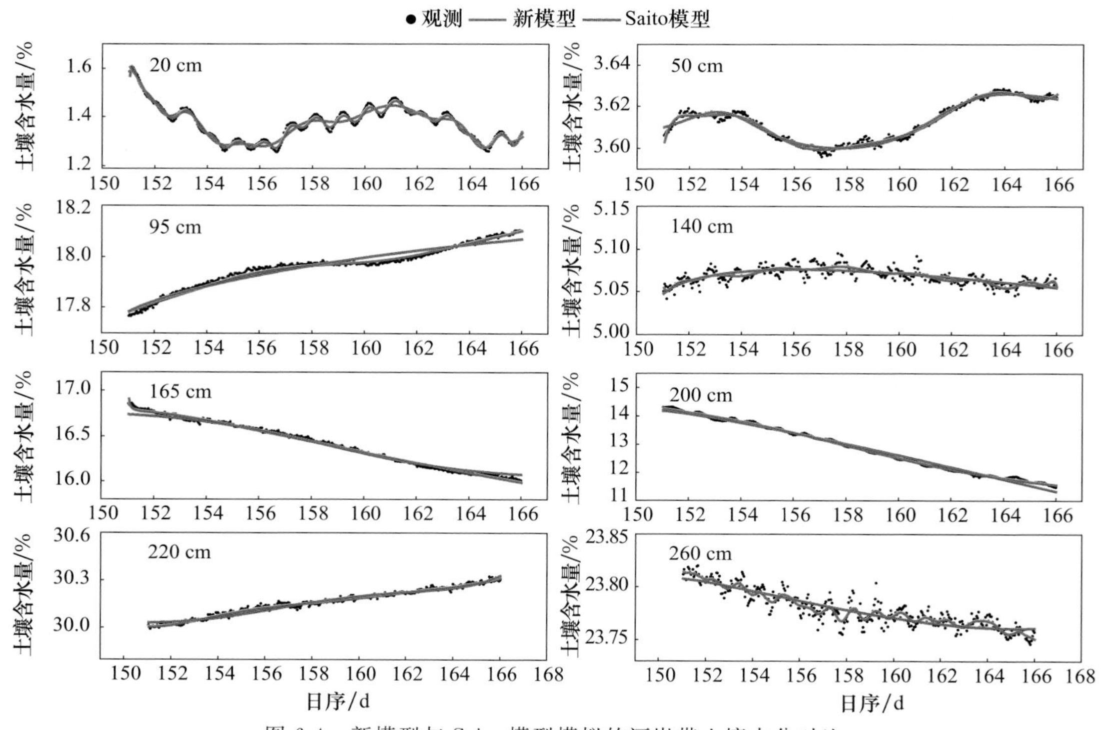

图 6-4 新模型与 Saito 模型模拟的河岸带土壤水分对比